선창국의 지진 흔들어보기

과학하고 앉아있네 08
선창국의 **지진 흔들어보기**

ⓒ 원종우·선창국, 2018. Printed in Seoul, Korea.

초판 1쇄 펴낸날 2018년 3월 2일
초판 4쇄 펴낸날 2021년 1월 20일

지은이	원종우·선창국
펴낸이	한성봉
책임편집	하명성·박민지
편집	안상준·이동현·조유나·이지경
디자인	전혜진·김현중
마케팅	박신용·오주형·강은혜·박민지
경영지원	국지연·강지선
펴낸곳	도서출판 동아시아
등록	1998년 3월 5일 제1998-000243호
주소	서울시 중구 퇴계로30길 15-8 [필동1가 26]
페이스북	www.facebook.com/dongasiabooks
전자우편	dongasiabook@naver.com
블로그	blog.naver.com/dongasia1998
인스타그램	www.instagram.com/dongasiabook
전화	02) 757-9724, 5
팩스	02) 757-9726
ISBN	978-89-6262-219-5 04400
	978-89-6262-092-4(세트)

이 도서의 국립중앙도서관 출판예정도서목록(CIP)은
서지정보유통지원시스템 홈페이지(http://seoji.nl.go.kr)와
국가자료공동목록시스템(http://www.nl.go.kr/kolisnet)에서
이용하실 수 있습니다. (CIP제어번호 : CIP2018006118)

파토 원종우의 과학 전문 팟캐스트

08

선창국의
지진 흔들어보기

| 원종우 · 선창국 지음 |

동아시아

과학전문 팟캐스트 방송 〈과학하고 앉아있네〉는 '과학과 사람들'이 만드는 프로그램입니다. '과학과 사람들'은 과학 강의나 강연 등등 프로그램과 이벤트와 같은 과학 전반에 걸친 이런저런 일을 하기 위해 만든 단체입니다. 과학을 해석하고 의미를 부여하는 "과학과 인문학의 만남"을 이야기하는 것이 바로 〈과학하고 앉아있네〉의 주제입니다.

사회자
원종우

딴지일보 논설위원이라는 직함도 갖고 있다. 대학에서는 철학을 전공했고 20대에는 록 뮤지션이자 음악평론가였고, 30대에는 딴지일보 기자이자 SBS에서 다큐멘터리를 만들었다. 2012년에는 『조금은 삐딱한 세계사: 유럽편』이라는 역사책, 2014년에는 『태양계 연대기』라는 SF와 『파토의 호모 사이언티피쿠스』라는 과학책을 내기도 한 전방위적인 인물이다. 과학을 무척 좋아했지만 수학을 못해서 과학자가 못 됐다고 하니 과학에 대한 애정은 원래 있었던 듯하다. 40대 중반의 나이임에도 꽁지머리를 해서 멀리서도 쉽게 알아볼 수 있다. 과학 콘텐츠 전문 업체 '과학과 사람들'을 이끌면서 인기 과학 팟캐스트 〈과학하고 앉아있네〉와 더불어 한 달에 한 번 국내 최고의 과학자들과 함께 과학 토크쇼 〈과학같은 소리하네〉 공개방송을 진행한다. 이런 사람이 진행하는 과학 토크쇼는 어떤 것일까.

대담자
선창국

서울대학교에서 박사학위를 받고 2005년부터 한국지질자원연구원에서 지질재해를 연구하고 있다. 지금은 국토지질연구본부장으로 지진이 날 때마다 연구와 인터뷰로 바빠지는, 말 그대로 지진박사다.

보조진행자
최팀장
과학은 잘 모르지만 예리하다. 간혹 엉뚱한 소리로 뜻밖의 재미도 선사하는 '과학하고 앉아있네'의 청량제이다.

K박사
정체불명임을 주장하는, 이미 잘 알려진 천문학자이자 모 박물관장.

이용 기자
〈과학하고 앉아있네〉와 〈필스교양〉을 만드는 프로 팟캐스터. 스스로를 '거인의 어깨에 올라 있는 작은 사람들의 어깨에 올라 앉은 아주 작은 사람'이라고 여김.

---

* 본문에서 사회자 **원종우**는 '원', 대담자 **선창국 본부장**은 '선', 보조진행자 **최팀장**은 '최', K박사는 'K', **이용 기자**는 '이'로 적는다.

차례

매일매일
일어나는 지진

원 — 오늘 저희가 모신 분은 지진 연구를 하시는 선생님인데 얘기를 듣기 위해 아무나 모실 수 없잖아요. 저희가 권위, 역사를 자랑하는데.

K — 그런 분 아니면 안 모시잖아요.

원 — 네, 저희는 그런 분 아니면 안 모십니다. 한국지질자원연구원이라고 있습니다. 소위 말하는 정부 출연 연구원 가운데 가장 오래된 곳이고요. 거기에 지진연구센터가 당연히 있습니다. 지진연구센터의 센터장이신 선창국 박사님을 모셨습니다.

선 — 안녕하세요.

K — 이 이상의 적합한 분을 부를 수 없겠네요.

최 — 센터장이시니까.

원 — 가장 적합한 분이고요. 너무 바쁘셔서 요즘 모시는 게 굉장히 힘들었는데 저희에게 기회를 주셨습니다. 오시느라 힘드셨죠?

선─ 예, 지하철 타느라 힘들었습니다.

원─ 어느 쪽에 계세요? 대전에?

선─ 연구 단지들이 대부분 대전 지역에 많이 밀집되어 있고, 수도권에도 있습니다. 이번엔 국가과학기술연구회가 세종시에 있다 보니 (정부 출연 연구기관의) 여러 가지 유대관계가 있기 때문에 세종시에 자주 다니는 편입니다.

원─ 저희의 하찮은 방송에 나와주셔서 고맙습니다.

선─ 별말씀을요. 가족 같은 방송이라 굉장히 좋아 보여요.

원─ 예, 저희는 가족 같은 사람들이니까 편하게 하자고요. 실망하지 않도록.

K─ 보기엔 안 그런지 모르겠는데 우리끼리 발밑으로 싸우고 그러죠.

원─ 발로 싸우고 종아리를 차고 있습니다. 어쨌든 제가 센터장님에 대해 조사를 좀 했습니다. 그런데 얼마 전에 센터장이 되셨더라고요(방송 당시에는 센터장이었으나 2017년 1월부터는 한국지질자원연구원 국토지질연구본부 본부장으로 활동하고 있다_편집자).

선─ 그동안 저명하고 오랫동안 실권을 행사하신 센터장님이 계셨고, 언론매체에 많이 노출되셨고 지금도 언론매체에 노출되는 분이 계십니다.

원 — 2016년 9월 26일에도?

선 — 맞습니다.

원 — 그럼 경주에 지진이 난 다음이네요. 그렇죠?

선 — 네, 전임 센터장님께서 연로하셔서 공부를 다시 하고 싶다고 하셔서요. 그런데 지금은 공부 안 하시고 외부에서 지진에 관해 궁금해하시는 분이 너무 많으셔서 그런 곳에 많은 정보를 주고 계세요. 저는 주로 내부에서 현안을 돌보고 있는 편입니다.

원 — 지진이 일어났던 관계로 숙제도 많이 가지게 되셨고 여러 가지 부담도 많을 거라 생각합니다. 근데 역시 우리나라는 지진이 많이 일어나는 나라가 아니다 보니 사실 지진이 뭔지도 잘 모릅니다. 그냥 땅이 흔들리면 그게 지진이다 정도만 알고 있죠.

이 — 사실 이번에 지진이 났잖아요. 원래 '지진' 하면 TV 속에서 일본어 써진 화면이 흔들리는 장면을 떠올렸죠. 근데 그 사건들(경주 지진과 포항 지진_편집자) 이후로 지진이 진짜 일어난다는 걸 깨달은 거죠.

선 — 지진은 굉장히 많이 일어납니다. 우리나라에서도요. 다만 우리가 느끼지 못할 뿐이고요.

원 — 약해서요?

선 — 네, 기계만 느끼는 지진들은 굉장히 많습니다.

원― 굉장히 많다면 어느 정도인가요?

선― 통상적으로 2.0에서 3.0 이상이면 지진을 느끼게 되는데 1점대의 지진은 수백 개가 일어나고요.

원― 하루에 한두 번씩도 일어난다는 거군요.

선― 물론입니다. 그리고 특히 우리나라 남쪽 지역뿐 아니라 북한 지역에서도 굉장히 많은 지진이 일어납니다. 다만 우리가 분석하는 지진은 수백 개가 아니라 수천 개예요. 우리나라에서만. 그 이유가 뭐냐? 우리가 아는 지진 이외에도 여러 가지 활동이 있습니다. 예를 들면 광산 개발 같은 거죠. 특히 우리나라는 큰 규모로 광산 개발을 안 하는데 북한에서는 큰 규모로 개발을 굉장히 많이 합니다. 왜냐하면 우리나라는 민원이 들어올 소지가 많다 보니 일부 지역에만 국한해서 제한 발파를 하기 때문입니다. 기계는 그 정도의 진동도 알게 되죠.

원― 북한은 그냥 정부에서 하는 대로 막 하니까.

선― 네, 굉장히 많고요. 대표적으로 큰 발파가 있겠죠. 핵실험.

이― 그것도 우리 지진계에 잡히나요?

선― 나온 김에 우리 지질자원연구원 지진연구센터의 주요 미션 하나만 말씀 드리겠습니다. 우리나라에 공식적으로 지진 발표나 정량적인 부분에 관련된 지진 관측은 기상청에서 일원화하고 있습니다. 대표적으로 일본도 그렇고요. 다만 우리나라나 다른 나라도 연구기관들이 있는데 연구기관도 자체적인 관측망

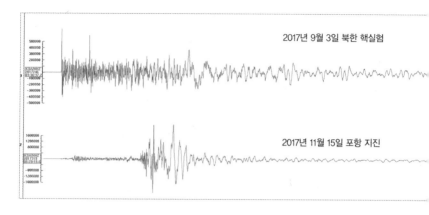

• 핵실험과 포항 지진 파형 비교 •

같은 것을 토대로 분석을 합니다. 그럼 정부조직과 연구기관 간의 유대 관계가 있어야 하고요. 같이 협업하는 체계라고 보시면 됩니다. 그러면 발파도 잡을 수 있고 아시는 것처럼 북한 핵실험도 땅을 통해 전달되는 신호이기 때문에 보지 않고도 지진계에서 먼저 신호를 잡을 수가 있고요.

최 ─ 그걸 구분할 수 있어요? 발파에서 온 건지 지진인지?

P파는 뭐고 S파는 뭘까?
지진파에 대해 알아보자

선 몇 가지 사례를 들어볼게요. <u>지진파</u>라고 하면 고등학교 과학 시간에 배운 P파가 오게 되겠죠. 교과서에는 앞에 굉장히 반듯한 선으로 P파가 들어오는데 반듯한 선이 없죠. 왜냐면 우리가 사는 상황은 노이즈noise, 즉 잡음이 많다 보니 잡음이 있다가 지진이 발생하면 P파가 처음에 들어오게 되는데, P파는 우리가 못 느낄 정도로 작은 수준이 많습니다. P파가 들어오다가 뒤에 따라 들어오는 게 S파입니다. S파 이외에 표면파도 섞여 들어오게 되는데 왜냐하면 우리는 땅 위에 있다 보니 땅 위엔 S파만

> **지진파** 지진파地震波는 지진이 발생할 때 나타나는 진동의 움직임을 말한다. 지진파를 측정하기 위해 지진계를 이용하며, 지진파를 이용해 지구 내부를 연구하고 있다.

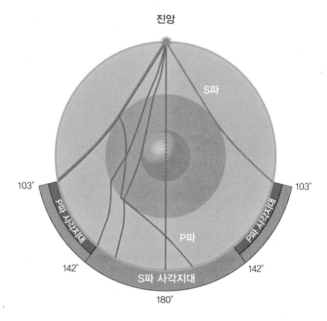

진앙

S파

103°   103°

P파 사각지대   P파 사각지대

142°   S파 사각지대   142°

P파

180°

• P파와 S파 지구 내부 통과 모습 •

들어오는 게 아니고 새롭게 땅을 다시 흔드는 표면파가 생성되기 때문입니다.

이 — 근데 P파나 S파가 뭔지 부연설명을 좀 해주시면 좋지 않을까요?

션 — P파는 기본적으로 통과하는 매질이 S파와 다릅니다. 핵 중에는 액체도 있고 고체도 있는데 P파는 물도 통과합니다. 그러다 보니 P파는 액체도 통과하지만 S파는 액체를 통과 못 하니 반사되거나 굴절되죠. 그래서 P파는 기본적으로 더 빠릅니다. 예를 들면 암반이라는 단단한 돌을 기준으로 할 때 P파가 초속 6~7킬로미터 정도의 속도라고 하면, S파는 초속 3~4킬로미터 정도죠. 그러다 보니 P파가 먼저 들어오고 S파가 나중에 들어옵니다. 통상 지진파는 S파가 크고 P파가 작죠. 그 이유는 지진은 단층이라는 땅속에 있는 면이 깨지고 미끄러지면서 발생하기 때문입니다. 그렇게 되면 상대적으로 땅을 옆으로 흔드는 전단파shear wave라는 S파가 발달하게 됩니다. 전단파는 제2파secondary wave라고도 하는데 옆으로 흔드는 성분이 크게 됩니다. 땅을 옆으로 밀어서 그 변위가 발생한 것입니다. 그러면 S파만이 발생하는 것이 아니라, 우리가 물에 돌을 던지면 진동이 사방으로 전파되는 것처럼 동심원상의 변위를 발생하는 압축파compressional wave인 P파도 작지만 분명히 발생합니다. 그러다 보니 상대적으로 S파는 크고 압축 방향으로 넓게 퍼지고 P파는 동심원 방향의 작은 파를 만드는데, 작게 생긴 파가 속도는 빠르죠. 그러니 지진계에 먼저 도달합니다. 다만 지진이라는 특성상 그 성분이 S파는 크고 P파는 상대적으로 작게 됩니다. 반면 땅속에서 만약 폭탄을 터뜨리게 되면 땅이 단층에 의해 미끄러지는 게 아니고 순간적으로 사방으로 압축되니 P파가 굉장히 크게 돼요.

이 옆으로 어긋나는 게 아니라 동심원으로 퍼지는 것만 크게 되는군요.

선— 예. 그래서 P파는 진동이 전해지는 방향과 그 안에 매질이

지진파의 종류

P파 P파primary wave는 종파이며 고체·액체·기체 상태의 물질을 통과한다. 속도는 초속 7∼8킬로미터로 비교적 빠르지만 진폭이 작아 피해가 적다. 지구 내부의 모든 부분을 통과한다. 압축파compressional wave라고도 불린다.

S파 S파secondary wave는 횡파이며 고체 상태의 물질만 통과한다. 속도는 초속 3∼4킬로미터로 비교적 느리지만 진폭이 커 피해가 크다. 지구 내부의 핵은 통과하지 못한다. 전단파shear wave라고도 불린다.

전단파 S파 또는 횡파라고도 한다. 전단파가 전파되기 위해서는 횡운동을 하는 입자들이 유사한 횡운동 중인 주위의 입자들을 끌어당겨야 한다. 단단한 물질이나 고체 같이 어긋남을 거부하는 경향이 있는 물질들이 전단파의 전파를 도와줄 수가 있다.

L파 L파long wave는 지표면을 따라 전달되는 지진파를 말한다. 속도는 초속 2∼3킬로미터이며 통과하는 매질은 지표면으로만 전달되어 가장 느리기 때문에 진폭도 크고 피해도 크다. 표면파의 종류에는 러브파와 레일리파가 있다.

러브파 러브파Love wave는 표면파이고 파동 속도는 P파나 S파의 속도보다 느리며 분산 현상을 보인다. 어거스터스 에드워드 허프 러브A. E. H. Love가 1911년경 처음으로 탄성론적으로 유도했다. 지각 두께 연구에 이용된다.

레일리파 레일리파Rayleigh wave는 진행 방향을 포함한 연직면 내에서 타원 진동을 한다. 1885년 존 윌리엄 스트럿 레일리J. W. S. Rayleigh가 처음 이론적으로 유도했다. 레일리파를 통해 횡파의 속도 분포를 구할 수 있다.

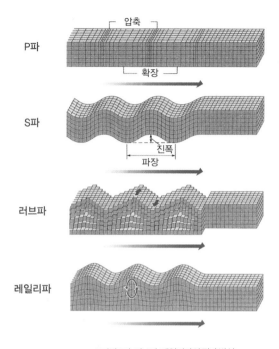

・ P파와 S파, 러브파, 레일리파의 전파 방식 ・

움직이는 방향이 동일하죠. S파는 웨이브wave라고 하는 파가 전달되는 방향과 입자가 흔들리는 방향이 90도로 다릅니다. 다만 그 90도를 수학 시간에 배운 직교 성분으로 나눌 수 있습니다. 방향이 전파되면서도 위와 옆 방향으로 구분할 수 있겠죠. S파는 방향 성분이 있고 P파는 전파되는 방향과 똑같은 입자와 움직임이 생기게 됩니다. 발파는 이상적인 조건만으로 가정해보면 교과서에서는 앞의 P파는 굉장히 크고 S파는 거의 뒤에 묻혀서 발파 신호가 들어온다고 나와요. P파가 작다가 S파가 크게 들어오는 게 지진파고요. 그런 것들을 이상적으로 받아들일 수 있으면 좋은데, 노이즈도 생기고, 거리가 멀어지면 노이즈 성분에 묻히고 해서 여러 가지가 혼재되다 보니 저희가 과학적인 방법을 또 하나 동원하게 됩니다. 그게 음파라는 겁니다.

지중의 깊은 곳에서 일어난 지진은 암반이 깨지면서 발생했을 텐데 그건 상대적으로 굉장히 두꺼운 지층 두께로 덮혀 있고, 땅속에서는 흔들리긴 했어도 대기를 통해서 멀리 전달될 수 있는 소리는 발달하지 못합니다. 지진이 발생하면 흔히 주변에서 소리를 듣습니다. 그 소리는 지진이 발생하면서 나는 소리라기보다 그 주변에서 다른 것들을 웨이브가 흔들기 때문에 발생하는 소리고요. 그게 우리가 듣는 소리입니다. 반면 지표면 가까운 곳에서 발파를 하게 되면 먼 거리에 있는, 우리가 듣진 못하지만 상대적으로 얕은 지층이라든가 위에 상재하는 토사를 흔들게 됩니다. 그러면 저주파의 파동이 발생하고 대기를 통해 멀리까지 전달됩니다.

이 ─ 사람한테는 안 들릴 정도의 저주파인가요?

선 ─ 사람이 들으면 그건 굉장한 초능력이겠죠. 고래라든가 다른 동물들은 들을 수 있는 파인지는 모르겠지만…. 그래서 우리가 음파를 수집하는 장치를 또 설치합니다. 지진계가 있는 위치에. 다만 보통 음파를 설치하는 관측소들은 지진 센서가 하나만 놓이는 게 아니고 보통 네 개 이상 설치됩니다. 그러니까 하나의 관측소에서 어느 정도 거리를 두고 서너 개 관측소를 두게 되면 그 자체가 하나의 관측망이 됩니다. 그래서 그 자체를 가지고 방향뿐 아니라 이상적인 경우에는 위치까지 개략적으로 알 수 있어요. 과학 시간에 배우셨을 수도 있는데, 세 개의 지진계에 지진파가 도달하면 그걸 시간으로 계산하고 동심원으로 그려서 위치를 잡잖아요. 그 위치가 지진 발생 위치가 됩니다. 측량 개념도 있고요.

이 — 여기에 학창 시절에 수학을 포기했던 분도 계셔서….

선 — 아마 새롭게 기억나실 것 같아요. 이게 옛날에 배운 내용이지만 옆에서 도와주면 알 수 있는 것들이죠. 서너 개의 관측소를 놓는 걸 배열식 관측소라고 하는데 보통 음파 관측을 같이 해요. 그럼 어떤 관측소는 어디에서 지진이 발생했는지 관측하고요. 음파는 당연히 늦죠. 1초에 몇 미터 이동하죠?

이 — 340미터.

선 — 그렇죠. 1초에 340미터죠. 그러다 보니 지진파에 비해 음파는 상당히 늦어요. 이상적으로는 340미터인데 대기 중엔 바람도 불고 온도에 따라서도 차이가 납니다. 대기 모델을 적용하고 정밀도를 높이겠지만, 발파가 되면 음파 신호를 작은 관측망 형식인 배열식 관측소에서 수신하게 되고, 여러 개의 관측소들

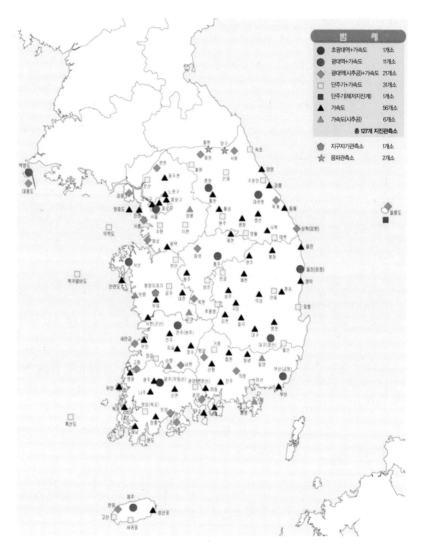

범례

● 초광대역+가속도	1개소
● 광대역+가속도	11개소
◆ 광대역(시추공)+가속도	21개소
□ 단주기+가속도	31개소
■ 단주기(해저지진계)	1개소
▲ 가속도	56개소
▲ 가속도(시추공)	6개소
총 127개 지진관측소	
⬠ 지구자기관측소	1개소
★ 음파관측소	2개소

• 우리나라 기상청 지진 관측소 현황(2014년) •

에서 신호를 수신하면 발파 위치를 더 정밀하게 추정할 수가 있어요. 많은 수의 관측소에서 음파 신호를 잡는다고 하면 '아, 발파했구나' 하고 알게 되겠죠. 발파의 한 종류인 핵실험도 우리나라의 북쪽에 위치한 음파 관측소들에서 관측합니다.

원— 휴전선 가까이에 있는 곳이겠네요.

선— 내륙은 DMZ(비무장지대)에 인접한 곳들 그리고 해양 같은 경우는 NLL(북방한계선)에 가까운 섬들에 지진과 음파를 함께 관측할 수 있는 지진-공중음파 배열식 관측소를 운영하고 있습니다. 이렇듯 주로 휴전선을 따라서 지진-공중음파 관측소를 운영하고 있는데 우리나라에 현재 여덟 개 관측소를 운영하고 있습니다.

이— 중력파 측정하는 것과 비슷하군요.

선— 그렇죠. 정밀도를 높이는 게 하나의 숙제인데, 이게 어떻게 보면 여러 기술과 지식의 조합이 요구되더라고요. 대기 모델도 알아야 되고. 기상청이나 다른 전문가들과 협업도 하고. 그게 융합연구의 시도입니다.

땅이 우리에게 보내는 신호, 진도와 진앙

원— P가 primary, S가 secondary, 그런 거죠?

선— primary, secondary, 다르게 하면 prolonged wave, shear wave.

원— 그런 걸 들으면 학교 때 배웠던 게 얼핏 기억이 나기도 하는데, 저희가 잘 모르는 게 뭐냐면 지진이 일어났을 때 보면 '몇 점 몇'이라고 하잖아요. 숫자가 크면 센 건 알겠습니다. 근데 이게 규모와 진도가 또 다른 개념이라 하고, 리히터라고 하다가 진도라고 하고 여러 가지인데 되게 헷갈리거든요.

이— 미디어에서도 이걸 제대로 얘길 안 해요.

원— 그런 부분들을 한번 정리해주시겠어요?

선— 미디어에서 그런 거 정리한 프로그램이 좀 있었습니다. JTBC 〈팩트 체크〉에서 다루기도 했고요. 간단히 말씀드리겠습니다. 땅속에서 지진이 발생하게 되면, 발파도 마찬가지고, 일단 거기에서 힘과 변위 관계 때문에 에너지가 발생합니다. 2016년 발생한 경주 지진을 예로 말씀드리면 9월 12일 오후 7시 44분경일 겁니다. 며칠 전 북쪽에서 큰 이벤트가 있었습니다. 핵실험을 했죠. 저희는 그날 저녁까지 대전 지질자원연구원에서 그런 걸 정리하고 있었죠. 그러던 중에 경주에서 지진이 발생한 겁니다. 저희도 상당히 흔들리는 걸 느꼈고 그래서 지진종합상황실로 갑니다. 거기에서는 관련 연구자들이 굉장히 관심을 갖고 데이터가 어땠나 보고 있었죠. 그리고 나서 규모 자동분석시스템에서 넘어온 걸 리뷰review하게 됩니다. 그러면서 규모도 결정하고 다시 한 번 리뷰하는데, 저희는 큰 사건이 나

리히터 규모 지진에 의해 리히터 지진계에 기록된 지각의 진동 수치이다. 지표상 한 지점에서 나타나는 진동의 세기에 관한 척도로, 측정된 지진파의 최대 진폭으로 방출된 에너지의 양을 측정할 수 있다. 진도가 지역에 따라 느껴지는 진동의 세기 또는 피해 정도를 나타낸 상대적 개념이라면, 리히터 규모는 1935년 미국의 지질학자 찰스 리히터C. Richter가 지진의 강도를 절대적 수치로 나타내기 위해 제안한 개념이다.

진도 진도震度는 지진이 일어났을 때 사람의 느낌이나 주변의 물체 또는 구조물의 흔들림 정도를 수치로 표현한 것으로 정해진 설문을 기준으로 계급화한 척도이다. 근래는 계측기가 직접 관측한 값을 쓰는 경우도 많다. 이 값은 지진의 규모와 진앙 거리, 진원 깊이에 따라 크게 좌우될 뿐만 아니라 지진이 발생한 지역의 지질 구조와 구조물의 형태 등에 따라 평가가 달라질 수 있다.

면 보고서로 정리를 해서 유관 정부기관에 제공하기도 합니다. 물론 기상청에서도 저희한테 일반 언론에 보내는 것처럼 지진 속보나 통보를 보냅니다. 저희들도 주요 내부 관계자분들에게 SNS 형태로 정보를 제공하는데, 저희가 우선 결정하는 건 규모와 위치입니다. 규모는 크기 형태로 정리하고, 위치는 그 지진이 발생한 것으로 보이는 장소인데 저희가 분석합니다. 거기서 위치라고 하면, 진앙이라고 하는 지표면에서의 위치가 있고

지진이 일어나는 곳

진원·진원역 지진은 지구 내부의 에너지가 축적되어 암석의 파열이 일어나는 한계를 넘어설 때 일어나는데, 그 발생 장소를 진원역震源域이라 한다. 대규모의 지진일수록 진원역이 확대되며 수백 킬로미터에 이르는 경우도 있다. 진원역에서는 한순간에 전체가 파괴되는 것이 아니라 한 점에서 파괴가 시작되어 일정한 속도로 퍼져 나가는데, 파괴가 최초로 시작된 점이 진원震源, focus이며 대개 진원역 가장자리에 있다.

진앙 진원 바로 위의 지표상의 점을 진앙震央, epicenter이라 한다. 지진계에 의한 관측으로 진원의 위치(진앙, 진원의 깊이)와 진원역에서의 파열의 전파 모양을 구할 수 있다. 이때 본진 이후에 일어나는 수많은 여진餘震, after shock의 진원 분포나 지진에 따르는 지각 변동 등을 이용해 파열의 전파를 구할 수도 있다.

지진소 지진이 일어나는 장소를 조사해보면 지진은 진앙의 분포로 보든 진원의 깊이로 보든 지각 또는 상부 맨틀mantle의 일정한 부분에서 주로 일어난다. 이런 위치를 지진소地震巢라 한다. 가령 일본의 북동 지방의 지진소는 크고 두꺼우며, 맨틀 상부에 위치하고 있다. 이에 반해 일본 남서 지역의 지진소는 작으며 지표에서 30~40킬로미터 깊이에 있다.

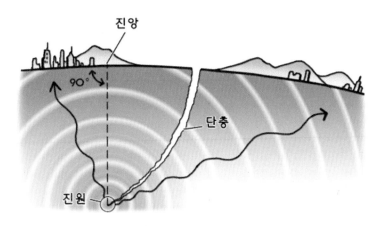

진앙

90°

단층

진원

• 진원은 지중, 진앙은 땅 위의 위치이다 •

<u>진원</u>이라고 하는 진앙부터 깊이를 계산한 지점이 있습니다. 진앙은 지표면이고 진원은 땅속이죠.

원— 그건 우리가 잘 모르거든요.

선— 보통 그 깊이를 진원 깊이라고 합니다. 다만 아까 말씀드린 것처럼 분석이나 데이터의 다양성을 인정한다고 할 때 기관마다 규모나 위치에서 약간의 차이가 있습니다. 위치의 차이라고 하면 진원 깊이의 차이도 있을 수 있고요. 기상청이나 지질자원연구원처럼 분석 관련된 주요 기관들은 실시간으로 자료를 공유합니다. 그게 국가통합 지진네트워크시스템입니다. 그건 과거 우리나라 주요 연구진들이 투자 대비 효율성을 높이기 위해서, 중복 투자하지 말고 서로 데이터를 공유하면 효율성이 높

아지니까 그런 식으로 설정해 실시간 공유한 겁니다. 만약 똑같은 데이터를 똑같은 분석자가 똑같은 시스템으로 분석하면 분명히 같은 게 나오겠죠. 하지만 자료가 공유돼도 내부 시스템의 설정에 따라 관측소의 자료가 몇 개 이상 들어오면 그것을 가지고 통계치를 내서 위치를 결정하죠. 그럼 기상청에서 분석한 통계처리데이터 세트set가 다를 거고, 지질자원연구원이 내부적으로 분석하면서 쓴 통계데이터 세트가 다를 수 있습니다. 데이터는 공유되지만 관측소의 데이터 세트는 누가 몇 시에 갖다썼느냐에 따라 결정하는 거나 나오는 결과가 다르지 않습니까? 그래서 기상청은 보통 자동분석시스템 내에서 초기에, 예를 들면 10개 데이터가 들어오면 통계 처리해서 위치와 규모를 결정할 수도 있고요.

지질자원연구원은 자동분석 이외에 한 20개 데이터를 더 확보해서 수동분석도 하는데 그러다 보면 위치와 규모가 달라질 수도 있습니다. 규모가 에너지 형태라는 건 아시죠? 규모 1과 2의 차이는 많이 들어보셨을 것 같은데 규모 1이 증가하면 에너지가 몇 배 증가하는 걸로 알고 계십니까?

이 ― 10배?

원 ― 32배.

선 ― 32배가 맞습니다. 훨씬 낫네요.

이 ― 10배라는 건 어디서 나온 거죠?

최 ― 아무 말이나 한 거지.

선 ― 산술축이 아니라 로그축이다 보니 처음에 1은 나중에 31점 몇 배, 한 32배 정도 되고요. 규모 2가 증가하면 32에 32제곱이니 1,100쯤 되죠. 규모 2가 증가하면 지중의 에너지는 1,000배 정도 증가해요. 규모 2 차이가 어마어마하겠죠? 그렇게 지진이 발생한 게 규모가 되는 거죠.

이 ― 규모 1과 2는 엄청난 차이군요.

원 ― 나머지도 마찬가지. 5하고 6도.

최 ― 저희가 느끼는 숫자도 마찬가지예요? 진원지의 에너지가 훨씬 높은 건 알겠는데, 규모 5.1의 지진과 6.1의 지진은 마찬가지로 엄청나잖아요.

선 ― 단적으로 말씀드리면 2016년 7월 일본 구마모토시에서 난 지진은 규모 7.3 정도였습니다. 7.3과 이번 규모 5.7은 산술적으로만 해도 규모 차이가 1.6 정도 나지 않습니까? 에너지 차이는 모르긴 몰라도 500배 정도는 나지 않겠습니까? 그 당시

구마모토 지진 구마모토 지진은 2016년 4월 중순경 일본 구마모토현 지역에서 일어난 지진이다. 2016년 4월 14일 21시 26분에 구마모토현 구마모토 지방을 진원으로 하는 리히터 규모 6.5의 전진이 일어났으며, 4월 16일 1시 25분에 리히터 규모 7.3의 본진이 발생했다. 일본에서는 2011년 3월 11일에 도호쿠 지방에서 일어난 대지진 이후 처음으로 JMA 진도 7을 기록한 지진이다.

해 상황은 다르게 말씀드릴 수 있지만 지금 짚고 넘어가야 할 건 규모와 진도와의 관계예요. 우리가 땅속에서 느끼는 건 아니죠. 그럼 진앙으로 올라와 생각하게 되면 진앙 근처에선 당연히 진동이 크겠죠. 진앙에서 멀어질수록 진동은 적겠죠. 그걸 느끼는 정도로 표현한 게 진도입니다. 느끼는 정도.

이 — 진앙에서의 기준이군요?

선 — 네. 지상에서 느낀 정도인 진동은 넓은 범위인데 우리가 많이 쓰는 건 수정 메르칼리 진도라고 하는, MM 진도입니다. 'Modified Mercalli intensity'라고 해서 MMI로 표현하는데, 국제적으로 제일 많이 쓰이는 진도고 12등급이 있습니다. 또 일본에서 많이 쓰는 JMA라고 일본기상청 진도가 있습니다. 12등급은 아니고 0부터 7까지 총 여덟 등급이 되는데 진도 5와 6의 경우 강약으로 세분화됩니다. 일본은 워낙 데이터가 많다 보니 규모 표현 자체도 여러 가지가 있어요. 지역 규모라 해서 M을 대문자로 쓰고 L을 첨자로 쓰는 M_L이라는 규모가 흔히 말하는 리히터 규모입니다. 우리나라에서는 미국 리히터 박사가 만든

수정 메르칼리 진도계급 1902년 이탈리아 지진학자 주세페 메르칼리 Giuseppe Mercalli Mercalli가 만들고 1931년 미국의 해리 우드Harry Wood와 프랑크 노이만Frank Neumann이 보완한 진도계급이다. 12개 등급으로 구성되어 있으며, 지진 피해에 근거를 둔 수치이다. 일반적으로 진도는 로마숫자의 정수로 표시한다.

규모를 토대로 지역 규모 형태로 쓰게 됐는데 지역 규모다 보니 그 지역 땅의 특성이 반영돼야겠죠. 우리나라는 그동안 작은 지진을 가지고 그 안에 있는 파라미터parameters를 몇 개 튜닝을 해오거나 수정해온 거고요. 작은 지진만으로 다루다 보니 한계가 있었는데 이번 지진을 계기로 향후 지진 규모를 정하는 데 몇 가지 참고해야 할 것 같고요. 일본은 워낙 데이터가 많다 보니 M_L이라는 표현을 안 쓰고 M_J라고 씁니다. 그 지역의 국지local 규모를 M_J로 씁니다. 진도도 일본은 다르게 쓰지만 국제적으로는 수정 메르칼리 진도를 많이 쓰게 되고 우리가 흔히 언급하는 진도가 바로 MMI를 뜻하죠.

이 — 우리나라에서 지진 났을 때 리히터 규모부터 나오는 건 일본의 규모라고 봐야 할까요?

선 — 규모 자체는 어느 지역이든 지역 관측망으로 분석해서 규모를 결정하면 거의 다 지역 규모 M_L을 쓰게 되는데, 그 자체가 리히터가 권한 기준으로 설정한 규모입니다. 그게 국제, 지역 규모 얼마라고 발표되고, 기상청이라든가 국민안전처(현 행정안전부_편집자 주) 홈페이지에 가면 흔들리는 걸 느낀 정도의 진도로 구분해 12등급으로 나눠놨습니다.

원 — 제가 몇 개를 봤는데 진도 III은 "건물 실내에서 현저히 느끼며 건물 위층에 있는 소수의 사람만이 느낌"이라는 식으로 기준을 잡고 있더라고요. 에너지가 수학적으로 나온 게 아니고.

진도 I
» 사람이 거의 느낄 수 없는 미세한 진동이 나타나지만, 지진계는 감지할 수 있다.

진도 II
» 매달린 물건이 약하게 흔들리며 몇몇 사람들이 느낀다.

진도 III
» 실내에서도 느낄 수 있으며, 큰 트럭이 지나가는 것과 같은 진동이 있다.

진도 IV
» 멈춰 있는 자동차가 흔들린다.

진도 V
» 거의 모든 사람들이 흔들림을 느끼며, 그릇이나 창문이 깨지기도 한다.

진도 VI
» 모든 사람들이 지진을 느낀다. 무거운 가구가 움직이거나 벽에 금이 갈수 있다.

진도 VII
» 모든 사람들이 놀라서 밖으로 뛰어나가며, 운전자들도 흔들림을 느낀다.

진도 VIII
» 창틀로부터 창문이 떨어져 나간다. 굴뚝·기둥·기념비·벽 등이 무너진다.

진도 IX
» 모든 건물이 피해를 입고, 지표면에 균열이 가며, 지하 송수관이 파괴된다.

진도 X
» 땅이 갈라지고 기차선로가 휘어진다.

진도 XI
» 다리가 무너지고 지표면에 심한 균열이 생긴다.

진도 XII
» 물건이 공중으로 튀어나가며 땅 표면에 파동이 보인다.

• 수정 메르칼리 진도 계급의 기준. 진도는 규모와 달리 주관적인 측정 기준이다 •

선 ― 우리가 흔히 느끼는 진동을 가속도로 표현하는데, 가속도는 경험적으로 대입되긴 합니다만 범위라든가 편차가 워낙 커서, 보통 우리처럼 전공한 사람들은 거기에 대응시키는 것 자체를 부담스러워합니다. 진도라는 것이 지극히 주관적인 거죠. 진도를 처음에 도입한 이유는, 예전엔 지진계가 없다 보니 피해가 발생하고 나면 기존의 문헌이나 탐문을 통해서 조사를 할 수밖에 없었습니다. 그러면서 "어느 정도로 느끼셨어요?"라고 묻게 되겠죠. 대표적으로 1936년 우리나라에 쌍계사 지진이 발생했는데 그 당시 규모가 5.0으로 추정됐습니다. 우리나라에서 지진계가 최초로 놓인 건 1905년입니다. 일본이 설치했죠. 그

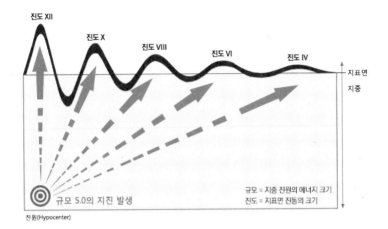

진도 XII

진도 X

진도 VIII

진도 VI

진도 IV

지표면

지중

규모 5.0의 지진 발생

규모 = 지중 진원의 에너지 크기
진도 = 지표면 진동의 크기

진원(Hypocenter)

· 규모와 진원, 진도의 상관관계 ·

이후 관측이 이뤄졌지만 몇 개 없다 보니 지금처럼 여러 위치에
서 지진계를 이용해서 지진파를 잡고 하는 건 거의 불가능했죠.
그 당시 쌍계사 지진 때도 우리 지진공학이나 지진학 전공한 분
들이 대표적인 사례로 말씀드리는 게, 쌍계사의 종무소 앞에 조
그마한 8층 석탑이 있는데 그 석탑의 탑두가 떨어졌다는 것입
니다. 지금도 탑이 있고 예전에 제가 공부할 때도 그 탑을 그대
로 모사했어요. 모사한다는 게 어느 정도냐면 당시에 조계종의
허락을 받고 탑의 각 층을 다 들어서 매핑mapping을 했어요. 그
래서 각 탑석의 표면 형상도 정밀하게 맞추고 그렇게 탑을 실물
로 만들어서 실험을 여러 번 했죠. 그런데 그건 정량적인 거잖

아요.

이 — 똑같은 걸 만들어놓고 어떻게 하면 꼭대기가 떨어지는지
실험했군요.

션 — 네. 이상적으로 봤을 때는 지진이 일어난 당시 지진계의
지진파가 있었으면 정말 좋았겠죠. 근데 그 정도의 지진파는 없
는 거잖아요, 우리한테. 그 당시 그 정도 계측이 안 됐으니까.
국외의 여러 진파를 대표적으로 넣어서 통계 처리하며 분석한
건데, 1930년 쌍계사 지진 때는 탐문 조사를 했답니다. 당시엔
JMA 진도 분포도를 그려서 평가를 한 거죠. 지금은 그런 여러
정보가 모이니 진도 자체를 분석하는 건 큰 문제가 없지만 그런
형태로 피해와 느낀 정도를 넣다 보니 진도 자체가 명확하지 않
았겠죠. 그래서 지금은 12등급으로 구분합니다. 경주 지진은
서울에서 진도 2 정도로 이야기하는데, 비로소 진도 2 정도 돼
야 느끼기 시작한다고 생각하면 되는 것 같습니다.

한반도는
지진 청정지대일까?

원 — 진앙지에 있으면 센 거고 멀리 가면 약해지는 거고. 내가 어디 있느냐에 따라 다르게 얘기할 수 있겠네요.

선 — 경주 지진의 규모가 5.7이었는데, 같은 규모라도 어떤 데 는 위의 진앙지 부분 진도가 5 정도고 어떤 데는 진도가 4 정도 일 수가 있습니다. 왜냐하면 심도가 깊어지니까요. 심도가 굉 장히 깊은 곳에서 발생한 지진은 심발지진이라고 하죠. 깊을 심 深, 필 발發.

K — 반대는 천발인가요?

선 — 맞습니다. 심발지진은 우리나라에선 남쪽보다 북한 동해 쪽에서 많이 발생하는데 수백 킬로미터에서 규모 7.0 정도로 발생하기도 합니다. 수백 킬로미터 깊은 곳에서 규모 7.0 지진 이 러시아와 북한 경계 동해 쪽에서 발생하는 거죠.

이 — 거기 뭐가 있죠?

선 — 태평양판이 그쪽으로 섭입을 하고 있는 겁니다.

K — 일본에 있는 게 거기까지도…

선 — 동일본 대지진 발생한 데가 해안에서 30~40킬로미터 떨어
진 곳이잖습니까. 거기에서부터 태평양판이 유라시아판 밑으
로 들어가서 러시아 쪽, 우리나라 동해 근처까지 가게 되고 맨
틀 쪽으로 융화돼 들어가다 보니 깊은 심발지진이 발생합니다.
하지만 기계에서 잡아서 계산하게 되면 규모 7.0이에요. 사람
들이 느끼거나 하는 건 제한적이고.

과거 역사 문헌 등에도 지진이 있는데 우리가 진도로 추정

지진의 종류

심발지진 심발지진深發地震이란 지하 300~700킬로미터 사이에 지각간
의 운동과 충돌로 인하여 발생되는 지진이다. 중발지진처럼 해구 같은
특수한 곳에서만 일어나며, 지진의 진원지가 깊기 때문에 천발지진이나
중발지진보다 지표에 도착하는 힘도 얼마 되지 않아 가장 피해가 적다.

중발지진 중발지진中發地震은 지하 70~300킬로미터 사이에서 지각 간
의 운동과 충돌 때문에 발생되는 지진이며, 심발지진처럼 주로 해구 같
은 특수한 곳에서 잘 발생한다. 천발지진에 비해서는 피해가 적으나, 심
발지진에 비해서는 피해가 큰 것이 특징이다.

천발지진 천발지진淺發地震은 지하 70킬로미터 이내에서 지층이나 지각
간의 마찰, 충돌, 운동 때문에 발생하는 지진이다. 가장 흔한 지진 중 하
나이며 모든 판의 경계에서 일어나고, 중발지진과 심발지진에 비해 진
원지가 지표에 가까워서 피해가 훨씬 크다.

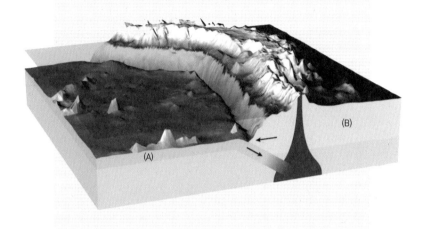

해양판(A)과 대륙판(B)이 만나면 해양판이 대륙판 밑으로 섭입하게 된다

섭입 섭입攝入은 암권의 판과 판이 서로 충돌해서 한 판이 다른 판의 밑으로 들어가는 현상을 말하며, 해구 아래에서 일어난다. 들어가는 판의 위쪽 면을 따라 지진이 활발하게 일어난다.

동일본 대지진 2011년 3월 11일 14시 46분 일본 도호쿠東北 지방에서 발생한 지진이다. 지진의 규모는 리히터 9.0~9.1로 일본 근대 지진 관측 사상 최대이며, 1900년 근대적 지진 관측이 시작된 이후로 네 번째로 강한 지진이다. 이 지진과 이후 닥친 쓰나미, 여진 등으로 도호쿠 지방과 간토 지방 사이 동일본 일대가 막대한 피해를 보았다. 2015년 3월 10일 기준 일본 경찰청은 동일본 대지진으로 일본의 12개 도도부현에서 1만 5,894명이 사망하고 2,562명이 실종되었다고 발표했으며, 22만 8,863명이 원래 살던 집을 떠나 난민이 되어 일시적으로 또는 영구히 다른 지역으로 이주했다.

하,고 그 진도를 다시 규모로 환산해서 몇 정도라 했을 때 그게 과연 지표면 부근에서 발생한 지진일지, 심발지진이 발생했는데 거리가 멀다 보니 상대적으로 낮은 진도로 지진을 느꼈는지는 정확히 규명할 수 없습니다. 우리나라도 북한 쪽으로 가면 심발지진이 많이 발생하고 규모도 상당히 크다는 걸 알 수 있습니다.

최 — 한반도는 지진으로부터 안전하다고 철석같이 믿고 있는데요.

원 — 지진 청정지대다.

선 — 지진은 계속 발생하고 있었고 다만 큰 규모가 드물었죠.

원 — 사실이 아니었군요, 그게. 일본 같은 경우는 훨씬 큰 규모 지진이 더 자주 일어나는 것 같은데요. 일제시대 관동 대지진이나 후쿠시마 한신 대지진 같은 경우에도 피해가 엄청 컸고요. 우리하고 일본하고의 차이는 정확하게 무엇일까요?

선 — 일본은 이번에 2010년 동일본 대지진이 발생한 일본 동해에 해당되는 태평양판과 남쪽의 필리핀판, 유라시아판이 만나

판 판plate, 板은 연약권 위를 움직이는 지각과 일부의 상부 맨틀을 합한 단단한 암석권의 한 조각이다.

단층 단층斷層은 지진 등 지질 활동 때문에 지층이 어긋나 있는 것을 말한다.

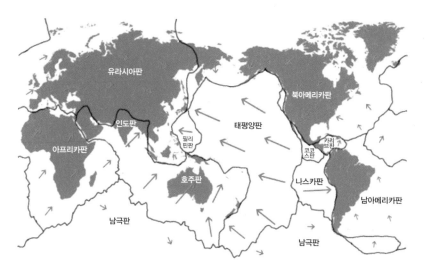

· 주요 판의 구조와 이동 방향 ·

면서 섭입하는 지역의 서쪽에 있습니다. 다만 일본 열도는 남북으로 나누어 볼 때 그 중앙부를 중심으로 해서, 북쪽은 북아메리카판 그리고 남쪽은 유라시아판으로 구성되어 있습니다. 북아메리카판의 경계는 우리나라 동해 내에 경계가 있고 유라시아판은 우리나라를 포함하면서 일본 남쪽 영역을 포함하게 됩니다. 일본 열도 서쪽에 인접한 태평양에서 북쪽 북아메리카판은 태평양판과 만나고 남쪽에서는 유라시아판이 필리핀판과 만나게 됩니다. 태평양 쪽의 두 판이 계속 일본 열도 아래로 들어가면서 일본을 압축하게 됩니다. 그래서 일본은 일본 인접 동쪽

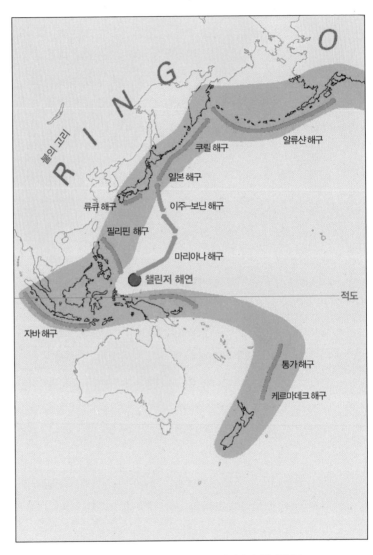

불의 고리

RINGO

쿠릴 해구

일본 해구

이주–보닌 해구

류큐 해구

알류샨 해구

필리핀 해구

마리아나 해구

챌린저 해연

적도

자바 해구

통가 해구

케르마데크 해구

• 우리에게도 유명한 불의 고리. 세계적으로 지진 활동이 가장 빈번한 지역이다 •

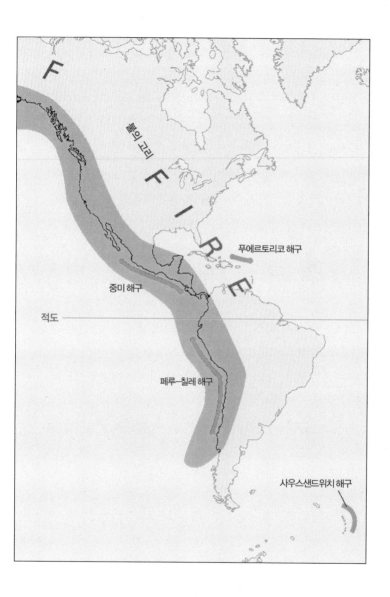

F

불의 고리

F I R E

푸에르토리코 해구

중미 해구

적도

페루—칠레 해구

사우스샌드위치 해구

에 큰 면이 있으면 그 옆에는 작은 면이나 주름이 있게 됩니다. 큰 면이 바로 판과 판의 경계죠.

일본의 동쪽 경계면과 일본 내륙에 인접해서 큰 단층대가 있습니다. 그 단층을 또 작은 판으로 구분하는 분들도 있긴 한데, 판 경계에서 동일본 대지진이 발생했고 이번 구마모토 지진은 판 내부에서 발생했습니다. 판 내부에 해당되고 상대적으로 판 경계에 가까운 일본 내륙을 따라가는 큰 일본 중앙 단층대가 있는데 거기서 지진이 발생한 거고요. 동일본 대지진은 판 경계에서 발생한 규모 9.0의 지진이고 구마모토 지진은 판 내부에 있는 단층대에서 발생한 규모 7.3의 지진이고요. 일본은 그런 대단위 단층대가 바로 옆에서 큰 힘을 받고 있기 때문에 이미 대단위 단층이 형성돼 있고, 그 단층에서 큰 힘을 받고 있기 때문에 먼저 큰 힘이 해소됩니다. 그렇게 해소된 힘이 우리나라 안쪽으로 전달되죠. 거기서 완전히 해소는 안 되고, 보통 해소하다 보면 집중되는 부분에서 해소하게 되고 집중 안 되는 부분은 돌아서 판 내부 안쪽까지 도달되거든요. 우리나라는 우리나라에 맞는 응력stress이 쌓이고 있던 것입니다.

주로 우리 선조들이 기록해놓은 문헌을 토대로 과거 역사 속 지진을 평가하는데, 평가해보면 평가 자체에 주관적인 부분이 들어가잖아요. 그러다 보니 역사적인 기록을 토대로 분석하는 어떤 지진학자들은 크게 보기도 하고 어떤 분들은 작게 보기도

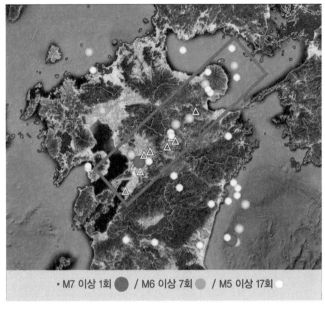

• 1960~2016년 일본 규슈 지역 지진 발생 분포 •

합니다. 통상적으로 많이 생각하는 규모가 6.5고 공학적 견지에서 그 정도를 최대 고려 지진으로 봅니다. 우리가 재현주기라고 하는 시기를 길게 보면 지진을 더 잘 알 수 있겠죠. 과거 지질시대로 깊게 들어가면 동해도 없었고 그런 것처럼 지진이 발생해서 땅이 갈라져야 하니까 그런 개념을 길게 보는 게 아니고 과학적 견지에서 합리적 수준에서 봤을 때 규모 6.5를 최대 고려 지진으로 결정하게 됐죠. 이 수치는 역사물을 근거에 두고

정해졌는데, 다만 일본은 판 내부 지역에 대해서도 큰 형태로 규모를 고려하고 있습니다.

구마모토 지진은 6점대 지진이 발생하고 나서 이틀 후에 집으로 많이 들어갔죠. 근데 당시 구마모토 지진에서 이 정도 지진이 발생하니 일부 언론에서 일본 내에서도 상대적으로 지진이 발생하지 않던 규슈에서 지진이 발생했다고 말이 많았습니다. 일본 동북 지역과 도쿄 지역은 지진이 많이 발생하던 곳으로 알려져 있었지만 구마모토는 그런 지역이 아니었던 데다, 6점대 지진이 발생하고 이틀 있다가 집으로 들어갔더니 7.3으로 더 큰 본진이 발생해서 피해가 많이 발생하지 않았나 생각합니다. 배경을 살펴보면 규슈 지역이 상대적으로 일본 내에서 지진의 위험도가 낮다고 합니다. 일본은 비교적 오랫동안 지진 관측을 해왔습니다. 과거 100년 전까지 규모 형태로 정리돼 있는데 규슈 지역에 한 100년 전까지의 기록을 보면 6.0 이상 지진이 10여 회 있었습니다.

K─ 10년에 한 번 꼴이네요.

선─ 그렇죠. 규슈 지역은 과거 100년 동안 큰 지진이 10번 정도 있었는데 일본에서 상대적으로 지진 위험이 낮다고 평가되죠. 우리나라는 과거 100년 동안 6점대 지진이 없었습니다. 물론 지진학자들이 1952년에 평양 지역에서 발생한 지진을 규모 6점대로 평가하는 분이 있었습니다. 그 당시 우리나라가 전쟁 중이라 규모가 관측된 게 없고, 어떤 분들은 전쟁 중이라 폭탄도 떨어지고 하다 보니 그런 영향이라고 이야기하는 분들도 있고요. 그 당시 국외 관측소를 일부 지진학자들이 새롭게 분석해서 규모가 상당히 컸고 6.2 정도라고 해서 한국지진공학회에서 지진학자들과 만나서 심포지엄을 한 적도 있고요. 아직까지는 공식적으로 인정하려면 여러 데이터가 있어야 하죠.

구마모토를 포함한 규슈 지역에 6점대 지진이 10여 회 있었고 우리나라는 6점대 지진이 그거 하나 넣어도 있을까 말까 합니다. 그런 의미에서 이번 규모 5.8의 <u>경주 지진</u>(그리고 2017년 발생한 규모 5.4의 <u>포항 지진</u>_편집자)은 큰 의미, 큰 충격으로 다

경주 지진 2016년 경주 지진은 2016년 9월 12일 대한민국 경상북도 경주시 남남서쪽 8킬로미터 지역에서 발생한 지진이다. 미국 지질조사국 집계 기준으로 전진 규모는 5.1이었으며, 본진의 규모는 5.8이었다. 전진의 최대 진도는 V, 본진의 최대 진도는 VI이었다. 이는 1978년 대한민국 지진 관측 이래 역대 최강이다.

포항 지진 2017년 포항 지진은 2017년 11월 15일 대한민국 경상북도 포항시 흥해읍 남송리에서 발생한 지진이다. 본진은 오후 2시 29분 31초에 5.4의 규모로 발생했으며, 포항시에서 진도는 VI에서 VII을 기록했다. 전진과 여진을 포함해 70여 회 지진이 일어났으며 2018년 초에도 여진이 계속되었다. 그 가운데 가장 큰 여진은 2018년 2월 11일 오전 5시 30분에 기록되었던 리히터 규모 4.6이다. 1978년 대한민국 지진 관측 이래 2016년 경주 지진에 이어 두 번째로 큰 규모이며 역대 가장 많은 피해가 발생한 지진이다.

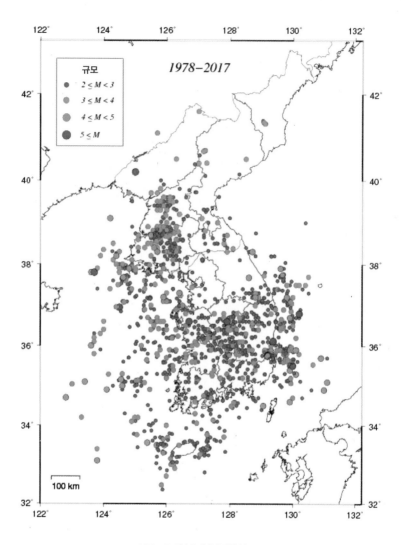

• 1978~2017년 우리나라 진앙 분포도 •

가온 건 사실입니다. 우리나라 과거 지진 발생 분포 현황을 보면 함경북도 일부나 제주도 빼고는 6.0 이하의 지진이 발생한다는 걸 항상 인지하고 대비를 하고 있으면 될 것 같고요. 다만 6.0이 넘는 지진은 그 정도에 상응하는 지진원이 있어야 합니다. 통상적으로 지진학계에서 이야기하는 게 규모 5.0의 지진은 단층이 움직인 길이가 1킬로미터는 됩니다. 그 정도의 단층이 움직였을 때 규모 5.0 정도의 지진이 발생하죠. 원래는 어느 포인트에서 지진이 발생했겠지만 이게 영향을 받아서 '럽쳐 rupture'라고 하는 부분, 변형이 생긴 부분이 위에서 봤을 때 1킬로미터 정도가 선으로 만나면 규모 5.0 정도의 지진이 일어납니다. 규모 6.0 지진이 일어나려면 제가 알기론 한 10킬로미터 정도는 되어야 합니다. 7.0이 넘으려면 이번에 구마모토 지진의 경우를 보면 럽쳐가, 파열면破裂面이죠, 파열면을 모델링한 걸 보면 길이가 약 43킬로미터 정도 되고요. 7.0이 넘으려면 수십 킬로미터여야 하는 거죠. 그러니까 6.5가 되려면 최소한 10여 킬로미터 이상이 있어야 하잖아요. 그럼 10여 킬로미터에 대한 단층이 연장선상에서 분절되지 않고 준비된 채로 지하에 있어야 한다는 거죠. 우리나라는 그 정도의 단층이 있기는 힘들지만 6.0 이하의 지진은 4~5킬로미터만 있으면 되니까 지하에 숨어 있을 가능성을 항상 열어놓고 봐야 합니다.

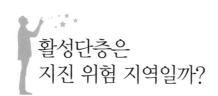

활성단층은
지진 위험 지역일까?

원 ─ 이번에 단층 이야기를 많이 했잖아요. 울산 쪽에 활성단층이 있다고요. 그 단층은 그런 위험성까지는 내포하고 있지 않은 건가요?

선 ─ 우리가 살고 있는 현세는 <u>신생대</u> 제4기로 봅니다. 그 안에 <u>플라이스토세</u>와 <u>홀로세</u>가 있는데 제4기의 기준이 지금부터 몇만 년 전으로 올라갈까요? 258만 년입니다. 어떤 땅이 형성돼 암석이 있는 상태에서 흙이 쌓이는데, 흙이 쌓이는 우리가 살고 있는 시기를 제4기라 합니다. 흙이 쌓이는 시기에 지진이 발생해서 지표면에 변형을 발생시켰으면 흙이 들어가거나 하는 지표면의 변형이 제4기 층을 잘랐다고 표현합니다. 제4기 층이라는 게 미고결층(단단하게 굳지 않은) 흙이라고 보면 됩니다. 흙을 자르면서 흙이 어떤 식으로든지 변형된 부분이 있겠죠. 그러면서 그 위에 흙이 또 쌓이고. 그 안에 나타났으면 지표면을 조사하면 찾을 수 있습니다. 그런 258만 년 동안 제4기 층을 절단하면서 움직인 단층을 지진학계에서는 제4기 단층이면서 또 다른 표현으로 활성단층이라고 합니다.

지질 조사라고 하는 분야를 다루는 분들이 지질을 조사하면서 지표면에 드러나 있는 흔적인 노두露頭를 발견합니다. 그걸

신생대　신생대新生代. Cenozoic Era는 지질시대의 구분 중 가장 최근의 시대이다. 약 6,600만 년 전. 백악기 말 새를 제외한 모든 공룡이 멸종한 백악기–제3기 경계(KT 경계)부터 현재까지를 의미한다. 지질시대는 크게 시생대→고생대→중생대→신생대로 구분된다. 신생대는 제3기와 제4기로 나뉜다.

플라이스토세　플라이스토세Pleistocene는 약 258만 년 전부터 1만 년 전까지의 지질시대를 말한다. 홍적세洪積世 또는 갱신세更新世라고도 한다. 2009년 국제지질연합International Union of Geological Science, IUGS은 플라이스토세의 시작 시기를 기존의 180만 년에서 258.8만 년으로 정정했다. 신생대 제4기에 속하며, 플리오세 다음에 이어진 시기이다. 지구 위에 널리 빙하가 발달하고 매머드 같은 코끼리류가 살았다. 플라이스토세가 끝나는 시기는 고고학에서 구석기 시대의 끝으로 본다.

홀로세　홀로세Holocene는 약 1만 년 전부터 현재까지의 지질시대를 말한다. 충적세沖積世 또는 현세現世라고도 부른다. 지질시대의 마지막 시대 구분이다. 플라이스토세 빙하가 물러나면서부터 시작되며 신생대 제4기의 두 번째 시기이다. 마지막 빙기가 끝나는 약 1만 년 전부터 가까운 미래를 포함한 현재까지이다. 그 경계는 유럽의 대륙 빙상의 소멸을 가지고 정의되었다. 이 시기가 시작되면서 인류의 발전과 전파로 인한 홀로세의 멸종이 일어났다.

조사하면서 샘플도 채취하고 연대를 측정하고 했더니 이 연대가 제4기 연대 안에 들어왔더라. 그 자체가 제4기 단층이면서 활성단층이 되는 겁니다. 다만 양산단층이라고 하는 긴 선線 구조를 모두 조사할 순 없고 다 파악하기 힘드니까 노두를 조사하고, 노두에 따른 연대를 측정합니다. 우리가 경상도 일원에 대해 이번 경주 지진을 포함해서 노두를 조사하면서 분명히 제4기라고 하는 258만 년 동안 움직인 흔적을 발견해왔고요. 다만 재원을 많이 들여 촘촘하게 조사한 게 아니라 일부 지역, 중요 시설물 있는 지역에만 조사를 집중해왔습니다. 그런 방식으로 조사했기 때문에, 노두 데이터 형태로 점點처럼 조사돼 있는 거죠. 긴 선분 형태로 조사돼 있으면 분명히 제4기 단층이다 이야기할 텐데, 제4기 단층을 활성단층이라 이야기하다 보니까 제4기 단층이면 금방이라도 지진이 발생할 것처럼 생각하시는 분들이 많습니다.

원— 활화산처럼 생각하는군요.

활성단층 활성단층Capable Fault이란 최근에 운동을 했으며 미래에 운동을 할 수 있는 단층으로, 지진이 일어날 가능성이 있는 단층을 말한다. 지각운동으로 지층이 끊긴 곳을 단층, 과거 움직였거나 앞으로 움직일 가능성이 있는 단층을 활성단층이라고 한다. 활성단층이 움직이면 그동안 축적돼 있던 힘이 분출되면서 지진이 발생하며, 대부분의 지진이 활성단층에서 일어난다.

메이커스

정식 한국어판 大人の科学 韓國語版

vol.1

70쪽 | 값 48,000원

천체투영기로 별하늘을 즐기세요!
이정모 서울시립과학관장의
'손으로 배우는 과학'

make it! **신형 핀홀식 플라네타리움**

vol.2

86쪽 | 값 38,000원

나만의 카메라로 촬영해보세요!
사진작가 권혁재의
포토에세이 사진인류

make it! **35mm 이안리플렉스 카메라**

vol.3

Vol.03-A 라즈베리파이 포함 | 66쪽 | 값 118,000원
Vol.03-B 라즈베리파이 미포함 | 66쪽 | 값 48,000원
(라즈베리파이를 이미 가지고 계신 분만 구매)

라즈베리파이로 만드는
음성인식 스피커

make it! **내맘대로 AI스피커**

vol.4

74쪽 | 값 65,000원

바람의 힘으로 걷는 인공 생명체
키네틱 아티스트
테오 얀센의 작품세계

make it! **테오 얀센의 미니비스트**

vol.5

74쪽 | 값 188,000원

사람의 운전을 따라 배운다!
AI의 학습을 눈으로 확인하는
딥러닝 자율주행자동차

make it! **AI자율주행자동차**

메이커스 주니어

만들며 배우는 어린이 과학잡지

초중등 과학 교과 연계!

교과서 속 과학의 원리를 키트를 만들며 손으로 배웁니다.

메이커스 주니어 01

50쪽 | 값 15,800원

홀로그램으로 배우는 '빛의 반사'

Study | 빛의 성질과 반사의 원리

Tech | 헤드업 디스플레이, 단방향 투과성 거울, 입체 홀로그램

History | 나르키소스 전설부터 거대 마젤란 망원경까지

make it! 피라미드홀로그램

메이커스 주니어 02

74쪽 | 값 15,800원

태양에너지와 에너지 전환

Study | 지구를 지탱한다, 태양에너지

Tech | 인공태양, 태양 극지탐사선, 태양광발전, 지구온난화

History | 태양을 신으로 생각했던 사람들

make it! 태양광전기자동차

· 지질 변형의 흔적이 노출된 노두 ·

선 ─ 그런데 그건 아닙니다. 지질학계에서 이건 통상적이고 과학적 의미에서만 말씀드리는 거고요. 258만 년 안에 이루어진 제4기 단층이 활성단층인데, 연대가 최근으로 올수록 불안해지는 거죠. 지진학계에서 표현하는 게 어디어디 단층을 노두 조사하면서 채취한 시료를 ESRElectron Spin Resonance(전자 스핀 공명) 연대 측정을 해봤더니 비교적 최근 연대로 젊게 나왔다고 합니다.

K ─ 적게 나왔다는 뜻인가요?

선 ─ 젊게 나왔다고 하는데 물어보면 40만 년? 5만 년? 그렇게 얘기해요. 다만 지질학계에서 얘기하는 것과 다른, 공학 쪽에서 이야기하는 기준이 있는데, 영어식으로 'capable fault'라고 활동성이라는 표현을 씁니다. 지금 일본에서 다루는 건 활동성 단층이라기보다 'active fault'라는, 말 그대로 최근의 지금 막 움직일 것 같은 단층이라고 정의합니다. 다만 우리나라에서 지질학자들이 가지고 있는 개념만 말씀드리면 제4기 단층을 활성단층이라 이야기하고 영어로 표현하면 'active fault'라 합니다. 지금 당장 일어날 것 같은 'active fault'로 다른 분야에서도 이야기하긴 합니다. 제4기 단층이 258만 년 안에 형성된 단층이고 중요 구조물 같은 경우 활동성 'capable fault'라고 이야기하는데 그건 정확하게 정의를 해야 합니다. 규정상 3만 5,000년 내에 한 번 이상 움직였거나 50만 년 내에 두 번 이상 움직였거나 말이죠.

전자 스핀 공명   전자는 자전(自轉)에 의한 자기 모멘트를 가지고 있기 때문에 고주파 자계에 두면 특정한 주파수(마이크로퍼 영역)에서 공명해 에너지를 흡수한다. 물질 중에서는 다른 전자 등의 영향을 받아서 이 공명 주파수를 벗어나므로 그 변화를 측정해 물질의 전자 구조를 살필 수 있다.

연대 측정   지구나 달의 나이, 지층, 화석, 고고학적 유물과 유적의 생성 연대 등을 측정하는 일이다. 연대에는 어느 것이 더 오래되고 어느 것이 덜 오래된 것인지 나타내는 상대연대와 지금부터 몇 년 전인지 살펴보는 절대연대가 있다.

이 — 50만 년 내에 두 번 움직였다는 걸 어떻게 알아요?

선 — 그게 땅을 직접 파보는 트렌치trench 조사를 하는데, 트렌치 조사가 돈이 많이 드는 작업입니다. 지표면에 노두가 보이면 노두로 추정해서 연대 측정을 하고 그게 어디에서 연장될 거라고 판단을 하게 되죠. 필요하다면 시추, 땅을 파기도 하고요. 더 큰 작업이 바로 트렌치인데 큰 블록을 긁어낸다고 생각하면 돼요. 건설장비로 땅을 파나가는 거죠, 큰 집터처럼. 옆면을 고릅니다. 판판하게 고르면서 문화재 조사하듯이 옆면을 닦아내면서 그림을 그리는 거죠. 다만 거기에 단층이 있을 걸로 추정되는 데를 해야겠죠. 아무 데나 파는 건 의미가 없으니까.

이 — 소고기 지방을 보는 것과 같은 원리군요.

선 — 그렇죠. 트렌치를 하면 경우에 따라 시추보다는 비용도 훨씬 비싸서 아무 데나 못 하지만 트렌치로 기본 검증을 할 수 있습니다. 그런데 이 작업은 시간도 오래 걸리고, 어떤 단층을 연대 측정을 하는 것도 하나만 하면 신뢰도가 떨어지니까 여러 번 해야 합니다. 그런 식으로 접근해서 그 단층이 어떤 식으로 얼마만큼 연장됐는지를 명확하게 정의해야 이 단층이 어느 정도고 몇 킬로미터인지 알 수 있는데, 우리나라는 지표면 부근에 노출된 단층이 많지 않습니다. 이번 경주 지진도 진원 깊이가 13킬로미터에서 15~16킬로미터 내외이지 않습니까. 거기가 어떤 식으로 파열됐는지 보면 좋은데 거기까지 파긴 어렵겠죠.

그러다 보니 지표면에서 조사를 할 수 있는 지구물리 탐사를 수행할 수 있습니다. 그중에서 대표적으로는 탄성파 탐사라고 해서 진동을 줘서 그 진동파가 굴절되거나 반사돼서 오는 걸 역으로 추정해 분석하는 거죠. 분석하려면 측선이라고 하는 탐사선이 굉장히 길어야 합니다. 깊게 들어가려면 선을 더 넓게 벌려야 하니까요. 수십 킬로미터로. 이런 게 땅에서만 해당되는 건 아니겠죠. 천문학에서도 멀리 보려면 망원경이 커야 하는 것처럼 탐사에서도 면적이 넓거나 커야 깊게 볼 수 있습니다.

K― 그럼 그런 조사를 경주 근처에서 했나요?

선― 예전에 몇 가지 사례가 있었습니다. 우리나라 땅 구조가 어떻게 돼 있나 하는 땅에 대한 모델이 있어야 지진에 대한 신호가 들어오면 어떻게 전파되는지 알아서 위치를 추적하거든요. 과학자들이 발파를 인위적으로 하고 지진계 센서를 많이 깔아서 밑으로 어떻게 전파되는지 역으로 추정해왔고, 앞으로도 이 작업을 더 진행해야 정밀도를 높일 수 있을 것입니다.

최― 활성단층이란 말을 들었던 게 원전 때문이잖아요. 그 원전이 지금 경주 남쪽 해안에 있는 것 때문에 활성단층이 뭔가 엄청나게 불안한 요인으로 생각되는데 지금 말씀을 들어보면 활성단층이라는 것 자체가 굉장히 위험한 것은 아니군요?

선― 그래서 그걸 활성이라 표현하기를 꺼려하고 제4기 단층이라 말하길 원하죠. 그 자체는 정의가 명확하니까요. 원자력 발전소 말씀하셨으니까 3만 5,000년, 최근엔 5만 년으로 개정이 됐는데, 3만 5,000년 내에 1회 움직이거나 50만 년 내에 2회 움직인 곳을 피하는 걸 기준으로 하는 규정이 미국에서 원자력 발전소를 신설할 때 나온 것이고 우리나라가 그걸 도입해 쓰고 있습니다. 그게 원자력 발전소 인근 몇 킬로미터 부근까지 조사해야 한다는 규정도 있어요. 그 안에서 그런 활동성 단층이 나오면 안 되거나 나왔어도 길이가 얼마 이상이 안 돼야 하는 식입니다. 만약 그게 있으면 원자력 발전소를 못 짓거나 거기에 대한 대책을 세우면 되거든요. 제가 생각할 때는 그런 조사가 잘되고 결과가 일반 분들에게도 객관적인 형태로 제시되면 과학기술적인 측면에서 원자력 발전소의 내진 성능을 충분히 확보할 수 있습니다. 바로 인접해서 단층이 지나가면 거기에서 지진 발생했을 때 큰 문제가 있겠죠. 그런데 10여 킬로미터 내에 단층이 있어도 어느 정도 지진이 발생할지에 대한 조사가 이뤄진다면 공학적 기술을 토대로 대비할 수 있거든요.

지진학이란 학문 자체가 어떤 식으로든 사회적인 수요가 많은 학문은 아니었던 것 같습니다. 잘 생각해보면 국내 지질학과가 있는 학교가 많진 않아요. 제가 알기론 거점 국립대학이라고 하는 학교와 서울 지역에 두세 개의 학교 정도? 대표적인 학교들 정도만 지질학과가 있고 지질학과 내에서도 단층을 알 수 있는 전공이 따로 있습니다. 산 타서 조사하고 실제 분석하는 전

공 분야들이 있을 테고. 그러다 보니 제한적이죠. 다만 원자력
과 관련한 단층 조사는 지질자원연구원뿐만 아니라 관련 전공
학교에서도 같이 진행하고 있는 것으로 알고 있습니다.

최 "우리나라에서는 지진 안 나." 이런 식으로 그냥 넘어가 약
간 불안하기도 하고요.

지속적으로 이어지는
작은 지진들, 여진

원 — 이번에 걱정했던 게 너무 예상치 못했던 부분이 있고, 원전도 잘 모르고, 말씀하신대로 아직 인력이라든가 부족한 면이 있는 것 같아요. 많은 사람이 이쪽으로 공부를 하고 그래야 해결되는 문제인데 그러기 위해서 어떤 식의 준비가 필요할까요? 학생들이 일단 그쪽으로 공부를 해야 좋은 지질학자들이 나와 연구를 할 텐데요.

K — 지질이 우리나라에서 관심사가 아니다 보니 확실히 지진 전공도 별로 없고요.

최 — 저는 또 궁금한 게 이번에 경주에 여진이 400회, 500회 일어났다고 이야기를 하는데 이게 일반적인 건가요?

선 — 여진과 관련해 우리나라에서는 이런 사례가 흔치는 않았어요. 특히나 경주 지진의 경우 규모 5.1 지진이 나고 약 48분 뒤에 본진인 규모 5.8 지진이 났으니까요. 우리도 당연히 그런 식의 본진이 날 거라고 예상 못 했습니다.

이 — 지진이 났다고 뉴스 보고 있는데 지진이 났잖아요.

선 — 네. 굉장히 이례적인 상황이죠. 근데 구마모토 지진 때도 규모 6.5 지진이 나고 이틀 후 새벽에 규모 7.3 지진이 났잖아요. 다만 위치가 바뀌어서 규모 7.3 지진이 난 위치도 더 취약한 곳, 이를테면 구마모토 시내 지하에서 바로 지진이 발생했으니 더 위험했죠. 하지만 이번 지진은 본진이 5.8인데 우리나라는 그동안 지진에 대한 데이터가 부족했기 때문에 우리 입장에서는 국외에서 사례를 볼 수밖에 없어요. 국외에서 연구자들이 많이 정리를 해두었는데 규모 6.0 정도일 때 서너 달 넘게 여진이 발생하는 걸로 통계상 나와 있습니다. 그럼 규모 5.7 정도면 한 달 정도는 갈 수 있겠죠. 어제(2016년 9월 11일)도 여진이 3.0 정도 발생했고 지금까지 대략 500회 정도 됐을 거예요. 규모 1 점대도 치면 500회 정도가 되고, 지금도 발생하고 있고 내일도 발생할 가능성 있죠. 오늘이 10월 12일인데요(경주 지진의 경우 작은 규모의 여진은 약 1년 동안 이어졌다_편집자).

> **여진** 여진餘震은 지진이 발생한 뒤 그 지진의 영향으로 진앙지 주변에서 나타나는 작은 지진이다. 제한된 공간과 시간 내에서 발생한 상대적으로 규모가 가장 큰 지진을 '본진本震'이라 하고 그 앞의 지진은 '전진前震', 그 뒤의 지진은 '여진餘震'이라 한다.

· 양산단층과 경주 지진 분포 ·

원— 한달째네요.

K— 여진은 거의 같은 지점에 발생하나요?

선— 딱 그 지점은 아닙니다. 왜냐하면 여진의 위치 자체가 공
간상에서 좀 퍼져서 분포해 있는데 그 이유는 단층이라는 게 한
면이 깨끗하게 있는 건 아니기 때문이거든요. 그 인접한 양산
단층대라고 하는 큰 구조선이 있는데 그게 땅으로 가보면 10여

킬로미터 밑으로 가지 않습니까. 그럼 양산단층 구조선과는 다른, 그 옆에 지류처럼 큰 단층이 있었을 수도 있고, 지류는 아니지만 다른 단층이 와서 양산단층 근처에 마침 도달했을 수도 있죠. 그러다 보니 양산단층 구조선에 딱 떨어지는 지진은 아닙니다. 양산단층이나 큰 대표적 구조선이 있기 때문에 그걸 기준으로 얘기할 때 서쪽에 어느 정도 떨어져서 진앙지가 있죠. 개념적으로 말씀드리면 우리가 지구과학 시간에 배운 정단층, 역단층이 있습니다. 정단층은 기본적으로 어떤 땅이 인장이라고 하는 바깥으로 당기는 힘이 발생해 한 면이 내려가는 형태이고, 역단층은 양쪽에서 밀었는데 한 면이 올라가는 형태입니다. 주향이동 단층은 양면이 밀렸는데 올라가거나 내려가지 않고 옆으로 밀린 겁니다.

K ― 횡단층이라고 하죠?

선 ― 예. 그러다 보니 대부분 단층이 하나의 성분으로 정의되진 않습니다. 그 안엔 약간씩 성분이 혼재되죠. 하지만 이번 경주 지진은 주향이동 단층이 지배적이었던 거죠. 주향이동 단층은 우리가 스트라이크 슬립strike-slip이라는 표현을 쓰는데, 스트라이크는 동서 방향으로 얘기하는 방위 방향이 있고, 지하 어떤 면으로 들어갔는지 말하는 딥dip이라는 앵글angle도 있습니다. 딥을 따라가보면 단층이 어떤 면으로 갔을지 알 수 있잖아요. 그 단층면 해fault solution를 가지고 보면 지중으로 갔을 때 선 구조가 어떻게 됐는지 짐작할 수 있죠(포항 지진의 주요 단층면은 역단층 성분이 우세했다_편집자). 여진도 마찬가지고요. 여진도 큰 건 분석이 될 테고 여진의 진원 분포를 점으로 찍어보면 점 자체가 면처럼 보일 텐데, 면을 보면 양산단층이란 선 구조와는 별개

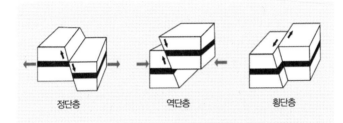

정단층　　　　　역단층　　　　　횡단층

단층의 종류

정단층　상반이 아래에 있고 하반이 위에 있는 단층을 말하며, 양쪽에서 잡아당기는 장력에 의해서 발생한다.

역단층　상반이 위에 있고 하반이 아래에 있는 단층을 말하며, 양쪽에서 미는 힘인 횡압력에 의해 발생한다.

횡단층　주향이동 단층이라고도 하며, 상반과 하반이 단층면에 대해 위아래가 아닌 수평으로 이동한 단층이다.

수직단층　단층면이 수직인 단층으로, 위아래로 이동해 상반, 하반을 구분할 수 없다.

오버스러스트　횡와습곡이 힘을 더 받으면 발생하는 단층으로, 단층면 경사가 45도 이하인 역단층 모양이다.

힌지단층　단층의 어긋나는 정도가 달라, 한쪽 지층이 회전한 것처럼 엇갈린 지층이다.

의, 알지 못하지만 명명도 하지 못했던 또 다른 단층이 지하에 있었던 게 사실이죠. 여진 자체는 그 일대에 몰려서 발생한 겁니다. 수백 개의 여진을 분석하면 몇 개의 면들이 있는 건 대략적으로 추정할 수 있습니다.

지진과 관련된 속설들

이 — 경주에 지진 나고 나왔던 얘기 중에 그런 것도 있는데, 하필 며칠 전에 북에서 핵실험을 했잖아요? 핵실험들이 지진에 영향을 줄 수도 있는 건가요?

선 — 일단 거리가 너무 멀다 보니 거의 없다고 보면 됩니다. 개념은 약간 떨어진 얘긴데 북한에서 핵실험하면 백두산이 분화하지 않느냐는 얘기도 있죠. 그걸 지진학자들이 시뮬레이션하고 분석을 해봤습니다. 일단 백두산 아래 구성이 어떻게 됐는지 알려면 지진계가 있어야 하죠. 지진계에서 잡힌 신호를 이용해 역으로 지하 상태를 추정하지 않습니까? 그 안에 마그마가 차 있는지 추정할 수 있는데, 우리나라는 그런 정보가 한계가 있지만 중국 지진학자들이 한 연구가 많이 있거든요. 그걸 보면 백두산 내에 마그마 챔버chamber가 거의 안 차 있는 형태랍니다. 안 차 있는 형태에서는 가까운 데서 어떤 압축에 해당되는, 발원이 있어도 거의 영향이 없는 상태인 거죠. 북한이 핵실험을 한 풍계리 지역과 백두산과의 거리를 고려해봤을 때 영향을 미칠 정도가 되려면 굉장히 규모가 커야 하고 그 정도 규모라면 엄청난 부담이 있겠지요.

원— 자기네 지역 자체를 파괴하는 상황이겠네요.

선— 현재는 그런 영향이 없고, 거리도 엄청 멀기 때문에 경주까지 오는 영향은 거의 없다고 보면 됩니다.

이— 지금까지 센터장님께서 안 그럴 것 같다는 얘기를 가능성이 적다, 아니면 그러기 어렵다고 표현을 하셨는데…. 이번엔 가능성이 없다고 말씀을 하셨네요.

선— 지진파라는 게 감쇠 관계를 보여주거든요. 우리나라 지역별로 감쇠 특성이 다른데. 그 정도 거리는 감쇠가 다 됐다고 보면 됩니다.

K— 말도 안 되는 소리네요.

원— 일단 과학이니까요. 북이 핵실험을 하는 게 좋은 이야기는 아니지만 그걸로 백두산이 터지거나 경주에 지진이 일어나는 건 아니라는 거죠.

K— 그런 얘기 하니까 생각나는데 지진과 관련된 괴담도 많잖아요.

이— 그럴듯한 것 중에 지진 전조가 있다는 얘기가 있죠.

최 　전조가 있고 50년 주기로 돌아간다는 말도 있죠.

이 　동물 도망가고 하는 거.

선 　지진이 일어나고 가장 많이 문의하는 게 지진 전조 현상입니다. 지진 전조 현상이 분명히 있긴 한데 우리가 느낄 수도 있고 못 느낄 수도 있어요. 하나를 가지고 예측할 수는 없는 상황이고요.

K 　한 가지 종류가 아닐 거예요.

선 　여러 가지 형태의 가능성이 열려 있습니다. 예를 들면 지진이 발생하게 되면 땅이 힘을 받고 있는 상태겠죠. 우리가 뭘 부러뜨리려고 할 때 엄청나게 힘을 주는데 안 부러지는 경우가 있잖아요. 부러지기 직전에 바르르 떨거나 하지 않습니까. 그런 것처럼 그 직전엔 뭔가가 있다는 거죠. 지구의 땅속 평형 상태가 깨지면서, 만약 큰 지진 같으면 더 그러겠죠? 지중에 있

지진 전조 현상 　지진이 발생하는 지점이나 그 부근에서 지진이 발생하기 전 수일에서 수년 전부터 일어나는 어떤 물리적 특성 변화나 특이한 자연현상, 동식물의 이상 행동을 일컫는다. 지면의 갑작스런 융기, 암석의 전기 전도율 변화, 방사성 동위원소 양의 변화, 지진파의 속도 변화 같은 물리적 변화의 전조 현상과 하늘 색이나 구름 색 또는 모양의 이상 변화 등이 대표적인 전조 현상으로 여겨진다. 미모사 잎 모양의 변화나 때 이른 식물의 개화 같은 식물에 의한 전조 현상 이외에도 메기나 뱀장어, 쥐나 악어가 지진이 발생하기 전에 이상한 행동의 변화를 보인다고 알려졌다.

• 지진 전후 발생했던 자연현상들. 하지만 이를 지진 전조 현상으로 단정할 수는 없다 •

던 라듐스가 올라온다는 겁니다. 당연히 지구물리학적으로 그렇게 되죠. 구마모토 지진 때나 부산 지역에 가스 냄새 난 건 라듐가스는 아니라는 게 분명하고요. 개미 떼, 울산 태화강 송어 떼 등은 개념적으로는 가능합니다. 우린 느끼지 못하는 그런 지구화학적인, 지구물리학적인 변화를 우리보다 감지 능력이 뛰어난 동물들이 느낄 수도 있습니다. 다만 동물들이 평소 하던 규칙적인 행동들 가운데 하나일 수도 있고 또 다른 현상에 의한 것일 수도 있어서 단정할 수가 없다는 거죠.

K─ 문제는 전조 현상인지를 모른다는 거네요.

선─ 그런 한두 가지를 가지고 일기예보처럼 내일 예보를 할 수는 없다는 거죠. 이게 한 달 후에 일어날지 1년 후에 일어날지 바로 한 시간 후에 일어날지 누구도 단정하지 못합니다. 해외나 우리나라에서도 일부 시범적으로 전조 현상에 대해 연구를 많이 하고 있습니다. 이걸 정량화했을 때 시간을 하나의 변수나 팩터factor로 정의해서 단정할 수 없다는 거죠. 유사한 성공 사례는 있어요. 우리가 이미 지진이 일어날 것 같은 큰 선 구조나 단층을 알고 있으면 우리가 사용할 수 있는 관측을 하는 겁니다. 지진계를 사용하거나 그 외 가능한 지구물리 관측도 하고 여러 방식으로 관측을 합니다. 평상시와 다른 이상기류가 보인다고 하면요. 그런 큰 단층대는 미소 지진이 많이 발생하거든요. 평소에 발생하지 않던.

K — 큰 게 날 만한 데를 열심히 보고 있으면.

선 — 모르는 걸 가지고 하는 게 아니라 어느 정도 아는 변수가 하나 있으면 거기에 역량을 집중하는 거죠. 피해가 발생할 것 같으면 피해를 최소화하기 위해 대피시킬 수 있거든요. 중국에서도 그런 사례가 있고요. 일본 도쿄 앞바다 이카이 항구 쪽에서는 이렇게 집중적으로 관측하면서 그런 식의 연구를 하고 있습니다. 연구뿐만 아니라 대책 수립의 일환으로요.

K — 거기 판이 실제로 만났나요? 분명히 지진이 날 거라는 근거가 있는지.

선 — 아까 말씀하신 몇 년 주기설이 실은 뭐냐면, 외국은 데이터가 쌓여왔기 때문에 몇 년 주기설이 있는 겁니다. 우리나라에는 몇백 년 주기설이 있는데 그건 우리나라 16, 17세기에 지진 많이 발생했다는 기록이 역사 문헌상에 나와 있다는 거죠. 많이 발생해 그 당시 피해도 컸고. 그 기준으로 보니 1600년에서 400년이 지났잖아요. 그러니까 400년 주기설이 된 거죠. 지금을 기준으로 생각하는 건데 그런 게 또 있습니다. 일본, 중국, 우리나라가 같은 판에 인접한 극동 지역에 있잖습니까. 역사 문헌상에도 16, 17세기쯤에 일본, 동중국 쪽과 우리나라에 지진이 발생했고요. 같은 판 내에 존재하는 응력이 어떤 식으로든 서로 영향을 준다는 거죠.

K — 저쪽에서 많이 발생하면 우리나라에도 많이 발생한다?

• 일본은 물론 세계를 충격에 빠뜨린 동일본 대지진 •

선 ─ 상당수 지진학자는 이렇게 얘기합니다. 동일본대지진 이후에 우리나라가 영향을 받은 건 사실이고 구마모토 지진도 그 영향일 수 있다. 그걸 정형화하거나 수식이나 정량적인 값으로 말할 순 없지만, 경주 지진이 상대적으로 몇 년 후에 발생할 지진인데 앞서 발생했을 수도 있다는 겁니다. 과학적 데이터로 말씀드리면 동일본 대지진 이후 일본 쪽엔 큰 변위가 발생했고 우리나라도 서해는 2센티미터, 동해는 5센티미터 정도 일본 쪽으로 이동했거든요. GPS로 관측된 겁니다.

최 ─ 그 정도면 느낄 거 같은데.

선 ─ 동일본 대지진이 발생하면서 급격하게 일어난 일이고 이후엔 비선형으로 수렴하는 변위 특성을 보이고 있습니다. 원래 우

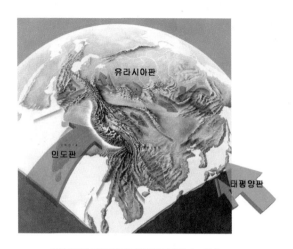

• 태평양판과 인도판에 유라시아판이 압축되고 있다.
우리나라도 이러한 지질 환경에 영향을 받는다 •

리나라는 지진 발생 응력 환경이 압축을 받고 있는데 양쪽에서 미는 형국입니다. 태평양판과 필리핀판이 유라시아판 밑으로 들어가면서 밀고 있고, 한쪽은 인도판이 히말라야산맥에서 유라시아판과 충돌하고 있습니다. 우리나라가 부채꼴로 이런 압축을 받는 상태에 있는 거죠. 중국을 돌아서 압축받는 상태에서 지진이 발생하게 되면 우리나라에서는 주로 주향이동 단층의 형상으로 지진이 났고요. 다만 동해 쪽에선 역단층도 종종 있으나(포항 지진도 역단층 우세 특성 환경에서 일어났다_편집자) 동일본 대지진 때 좀 확장·이동됐잖아요. 그래서 그게 기존에 받던 응력이 로테이션이 됐든 변화가 있었을 것입니다. 변화가 있으면서 응력장 형태가 어떻게 바뀌었을지는 몰라도 영향 관계는 분명히 있습니다. 정량적인 부분은 앞으로도 규명해야 할 숙제 중 하나고요.

K — 땅속을 들여다볼 수 있으면 알 텐데요.

원 — 너무 어려운 문제죠. 태풍만 해도 하늘에서 다 볼 수 있으니까. 사실 우주로 나가는 것보다 땅으로 들어가는 게 어렵다는 얘기가 있잖아요. 지구 중심에 뭐가 있나 이런 것도.

K — 과학 잡지 보면 태양 내부 구조 다 나오지 않습니까? 정작 우리나라 땅속도 잘 모르는 거네요.

선 — 우리가 지구 내부를 알게 된 게 지진 때문입니다. 지진파로 내부 구조를 추정해서 파악한 거고요.

K — 외핵을 보면 P파는 액체를 통과하는데 S파는 통과 못 하니까요.

이 — 그게 액체를 통과를 못 하죠?

K — 태양도 지진이 나거든요. 전체적인 구조는 알지만.

원 — 태양은 수소 헬륨 덩어리 아닌가요?

K — 그렇긴 한데 태양 지진 연구하는 분야도 있어요.

최 — 일기예보 못 맞힌다고 맨날 욕하는데.

K — 태양에서도 진동이 계속 있는 거예요. 태양도 지구 모르는 만큼 몰라요.

원 — 일단 상식적인 리히터 규모와 진도 차이도 알았고.

이 — 북한 핵실험과의 무관성도 알았고.

원― 많은 연구가 필요한 상황이고 단지 활성단층이라는 말을 너무 무서워하지 말자, 활화산 같은 게 아니다, 그런 걸 알 수 있었네요.

K― 그 말 때문에 꺼리는 게 있는 거 같아요.

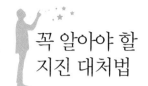

꼭 알아야 할
지진 대처법

선— 우리나라는 중약진 지역이라고 표현을 합니다. 왜냐하면 현재 발생했던 지진들 규모 자체가 외국의 강진에 비해 작았기 때문이죠. 일본이나 미국 서부 지역이나 대만이나 그리스, 터키보다 지진 날 확률이 낮잖아요. 우리나라는 그런 단층이 없다는 거죠. 그래서 외국처럼 이게 지진 단층이라고 명확하게 정의할 수 있는 연구 자체가 매우 드물었습니다. 우리나라에 맞는 지진 내지는 지진원 단층에 관련된 개념 수립이 필요합니다.

K— 우리나라가 많이 일어나는 지역은 분명히 아니네요.

이— 하지만 그런 말도 많이 하잖아요. 우리나라도 지진 안전지대가 아니다.

선— 과거부터 우리나라는 지진 안전지대가 아니었던 건 사실입니다. 역사 문헌상 지진으로 돌아가신 분이나 가옥이 파괴된 경

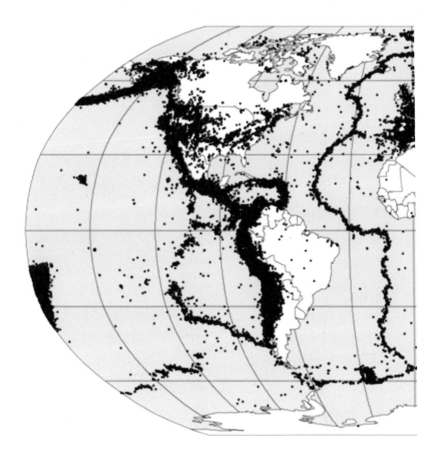

• 1963~1998년 세계 지진 분포도. 지진이 자주 나는 곳과 그렇지 않은 곳을 볼 수 있다 •

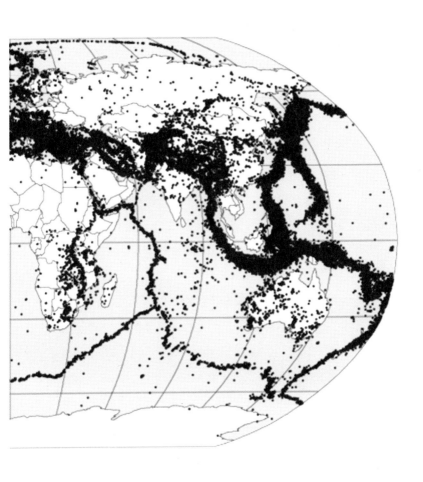

우가 많거든요. 군주가 제사도 지내고. 역사 문헌상 기록이 존재하고요.

이 — 지구상에 지진 안전지대가 있나요?

선 — 기본적으로 없는데 큰 규모의 지진이 발생 안 하는 지역은 분명히 있습니다. 하나의 땅이 갈라지면서 움직였잖아요. 지진이 많이 발생하는 곳은, 이미 아시잖아요. 불의 고리. 불의 고리에서 지진이 많이 발생하고 판 경계, 판 내부로 들어올수록 상대적으로 지진이 발생하지 않지만 큰 단층이 있는 곳에서는 큰 지진이 발생합니다. 큰 판 내에도 작은 판들이 있는 거죠. 작은 판 안에서는 큰 지진이 발생하지 않습니다. 작은 지진이 발생할 뿐이죠. 그 땅들이 살아 있으면서 지구라는 가치를 부각하고 있다고 보면 됩니다.

K — 지각은 유동적인 맨틀 위에 떠 있는 것이기 때문에 100퍼센트 안전하다는 건 없고요. 안전지대는 무너질 건물이 없는 곳이 아닐까요?

원 — 지진이 발생하면 제일 안전한 곳이 들판입니다. 일단 안전지대는 없고, 우리가 안전지대라고 느꼈던 건 일본에 너무 큰 지진이 많이 나다 보니 상대적으로 그렇게 느낀 것 같습니다. 하지만 지진이 일어날 가능성은 얼마든지 있는데 대처 요령에 대해서는 이번에 말이 많았습니다. 모르고 연습도 안 해봤으니까요. 일본의 책자가 유행을 해서 그걸 보고 우리가 익혀야 한다는 말도 있었죠. 지진이 일어나면 일본에서는 목조건물을 지으니까 탁자 밑에 들어가면 되지만 우리는 그걸로 안 된다는 말도 있었고요. 우리가 주변에서 지진이 일어나는 경우에 대처하는 방법이 어떤 게 있을까요?

이 — 인터넷을 보면 책상 밑으로 들어가라고도 하고 들어가지 말라고도 해요.

원 — 들판에 있으면 가장 안전하겠지만 거의 건물 안에 있으니까요. 어떻게 해야 할 까요?

선 — 우리의 생활 습관이 문제일 것 같아요. 제가 오면서 화재가 발생하거나 가스가 새면 어디로 가야 하나 파악하면서 들어왔거든요? 회의할 때 유사시엔 어디로 가야 할지 말 안 해주잖아요.

원 — 극장에서만 말해주잖아요.

선 — 극장에서도 그동안 설정해왔던 방식으로만 설명해주죠.

이 — 극장에선 나오는 것도 루트가 꽤 복잡한데 3초 만에 끝나요. 잘 모르겠어요

선 — 그런 부분이 중요한데, 일단 현실적으로 대피할 때 최적의 상황은 그걸 관리했던 사람이 알고 있어야 하고요.

최 — 나가는 게 맞군요.

선 — 당연히 나갈 수 있으면 나가야 하는데 창문 열고 나가다가 떨어질 수도 있고, 함부로 나가선 안 되기 때문에 탁자 밑으

• 행정안전부에서 발행한 '지진 국민행동요령'에 실린 그림들.
지진 발생 시 대응 요령을 자세하게 설명해놓았다 •

로 들어가라는 이야기를 하죠. 평소에 저는 이런 말씀을 드립니다. 여러 가지 대응 방법을 많이 물어보시는데 건물 밖에서는 머리를 감싸고 낙하물이 있을 수 있으니 신속하게 건물에서 최대한 멀리 떨어지시라. 아니면 신속하게 건물 안으로 들어가시라. 내진 설계가 돼 있는 건물로. 평상시에 대피 경로상에 그런 곳이 설정돼 있어요. 왜냐하면 도심엔 들판이 없잖아요. 도로를 걷고 있는 경우엔 내진 설계가 잘되어 있는 대피 시설로 최대한 빨리 들어가야 합니다. 우리가 지금처럼 얘기를 나누고 있는데 지진이 나면 어떻게 해야 할까요? 성급하게 밖으로 나가

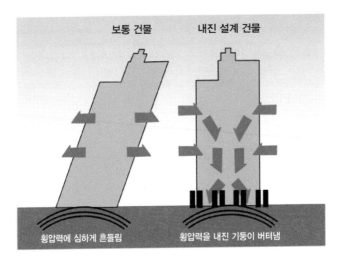

보통 건물　　　내진 설계 건물

횡압력에 심하게 흔들림　　　횡압력을 내진 기둥이 버텨냄

• 내진 설계 건물의 원리 •

려고 했을 때는 문제가 발생합니다. 이런 때는 이 건물 상태는 모르지만 건물을 믿고 중요한 머리를 감싸고 탁자 밑으로 숨어야죠. 탁자는 튼튼한 탁자여야 하고 아래 공간이 충분히 넓은 곳으로.

이 ― 테이블은 있는데 과연 다섯 명이 다 들어갈 수 있을지…

선 ― 그러니까 제일 중요한 게 머리입니다. 다른 곳은 다쳐도 소리를 지르거나 의식이 있어야 구조 요청을 할 수 있으니까 머리가 중요하죠.

최 ― 우리가 지금 살고 있는 건물들은 대부분 내진 설계가 되어 있다고 봐야 하나요, 안 되어 있다고 봐야 하나요?

1988년	1995년	2005년	2015년	2017년 2월	2017년 12월(예정)
6층 이상	6층 이상	3층 이상	3층 이상	2층 이상	2층 이상
연면적 10만㎡이상	연면적 1만㎡이상	연면적 1000㎡이상	연면적 500㎡이상	연면적 500㎡이상	연면적 200㎡이상 모든 신규 주택

• 내진 설계 대상 건물은 꾸준히 확대되고 있다 •

선 ─ 이 건물이 몇 년도 준공인지 모르겠네요.

원 ─ 10년 조금 안 됐어요.

선 ─ 그럼 여긴 규모가 큰 건물이니 내진 설계가 돼 있고요.

이 ─ 몇 년도부터 안심해도 됩니까?

선 ─ 원자력 발전소처럼 중요한 시설물은 내진 설계를 그전부터 적용했습니다. 애초부터 한 거고 일반 건축물은 1988년부터 되었죠. 다만 수요에 따라 대상이 변하게 됐습니다. 예전엔 6층 이상에 연면적 얼마 이상으로 정의돼 있었고요. 자료 찾아보면 금방 나오는데 그러다가 2005년부터는 6층이 3층으로 바뀌고 연면적과 단위 면적도 바뀌었습니다.

이 ─ 범위가 넓어지는군요.

선 ─ 그런 식으로 또 중간에 내용이 달라지는데, 내진 설계마다 등급이 있습니다. 중요 시설물, 이를테면 피해가 발생했을 때 파급효과가 클 원전은 다른 건축물보다 더 상위 개념이고, 다른 것들은 내진 특등급, 1등급, 2등급으로 구분됩니다. 내진 설계 대상이라는 건 내진 2등급부터 적용이 되지만 대단위 아파트나 대단위 공동주택 같은 경우는 처음엔 내진 1등급이었다가 중간에 한 번 내진 특등급으로 갔다가 다시 내진 1등급으로 설정되었습니다.

이 ─ 어떤 차이가 있는 거죠?

선 ─ 등급이 높으면 당연히 더 튼튼해야죠.

최 ─ 예를 들어 진도 몇 까지 버틸 수 있다 이런 건가요?

선 ─ 설계할 때 가속도 기준이 달라지는 거죠. 그 당시에 내진 설계 기준을 몇 년도 것을 적용했느냐에 따라 내진 1등급으로 설계됐는지, 특등급이나 2등급인지 건축물의 수준이 달라지는 겁니다. 이 건물에서는 진동이 오면 문을 몇 개를 통과해야 되잖아요. 기본적으로 인명 피해는 1차 피해보다 2차 피해에서 많이 발생해요. 이런 식으로 나가다가 추락물에 맞아 발생하는 피해가 훨씬 큽니다. 우선 건축물을 믿고 자기의 중요 신체 부위를 보호하면서 큰 진동이 지나가길 기다렸다가, 큰 진동이 멈추면 머리를 감싸고 신발은 반드시 신고 건물 밖으로 나가야 합니다.

원 ─ 신발은 반드시 신고. 잊어버리기 쉽잖아요. 급하니까.

선 ─ 신발 안 신으면 어디 가서 또 상해를 입고 멈추게 되잖아요. 다른 건 몰라도 머리를 보호하면서 신발을 신고 가야 하죠. 출입문 열면서 가정에 있으면 전원 콘센트는 뽑고 가스 밸브는

잠가야 해요. 우리나라는 자동시스템이 안 돼 있는데 일본은 진동이 오면 자동으로 가스 밸브가 잠기는 장비들도 있거든요.

이— 요즘엔 시골에서도 무료로 배포해주더라고요. 자동으로 잠기는 거. 지진 때문은 아닌 거 같고 혼자 사시는 분들을 위한 거 같아요.

선— 가스로 인해 화재가 발생하면 2차 피해로 다른 인명이나 재산 피해가 발생할 수 있는데 진동을 감지하는 설치를 하면 그런 걸 예방할 수 있거든요. 1995년 고베 지진 때 재산 피해의 상당 부분이 2차 피해에서 발생했어요. 화재 때문에. 그 이후 일본도 가스와 관련된 제도적·기계적 여건을 보완했습니다. 진동이 멈추고 나면 멀리 나가야 하는데, 그 이유는 이번에 알게 됐습니다. 여진이 더 크게 올 수도 있고, 건축물이나 시설물이 한 번은 견뎌도 추가적으로 변형이 축적되거든요. 처음 지진이 났을 때는 버텼다가 이후 약간의 지진이 와 붕괴될 수도 있으니까요. 붕괴는 드물게 일어나는 상황이긴 하지만 큰 손상을 입을 수 있으니 대비하는 게 좋습니다. 다만 내가 평소에 생활하던 곳에 인접한 공터가 있고, 가까운 위치에 문이 바로 있다면 진동이 멈춘 후에는 그 즉시 최대한 빨리 나가는 게 낫겠죠.

원— 나갈 수 있는 빠른 경로가 있으면 나가라. 여긴 높은 층이고 문을 통과하니까, 흔들리는 동안 나가면 다치니까, 흔들림이 멈추면 신발 신고 나가라는 말씀이시군요.

선— 큰 여진, 작은 여진이 올 수도 있는데 대비 방법도 이원화되어야 할 것 같아요. 본인의 상태도 중요하고요. 연로하신 분들은 그렇게 못 하실 수가 있거든요. 본인의 상태와 평상시 생활하는 곳, 지금 있는 곳의 상황에 따라 다르게 설정이 돼야 하는데 목조 건물과 비교하면서 우리 콘크리트 건물을 평가하는 것 자체가 적절하지 않은 기준이 되죠. 개념적인 이해를 토대로 특화된 형태의 매뉴얼을 다양하게 준비해서 그런 상황이 벌어졌을 때 실행해야 하고요.

K— 어떤 상황에 어떻게 대비할 수 있는지 미리 공부를 많이 해야겠네요.

원— 개인적으로 공부를 해야 하는 게 아니라 매뉴얼이 있어서 우리가 봐야 할 것 같은데, 그런 게 있나요?

선— 지금 정부 부처 국민재난안전포털이나 기상청 홈페이지에는 다양한 상황을 설정한 삽화도 있습니다. 여러 가지 상황을 고려해서 만들었으니 그걸 잘 이해해서 '아, 이게 나한테 유리하고 좋겠다'라고 본인 상황에 맞게 기억하시면 좋겠죠. 그런데

국민행동요령

기상청 www.weather.go.kr/weather/warning/safetyguide_earthquake.jsp

국민재난안전포털 www.safekorea.go.kr

기상청   국민재난안전포털

막상 지진이 오면 기억이 안 날 수도 있어요.

원 — 무섭고 마음도 급하고요.

선 — 화장실 갈 때 한 번씩 연습 좀 하시고.

최 — 기본적으로 판단할 수 있는 정보들이 약간 생겼잖아요. 우리가 살고 있는 대부분의 최근 건축된 건물들이 내진 설계가 돼있고.

K — 시공이 제대로 됐는지는 모르겠지만요.

이 — 감리가 잘 됐는지.

원 — 원칙적인 말씀을 해주신 건데 아주 오래된 건물이 아닌 한 내진 설계는 돼 있습니다. 고층 건물 같은 경우 당장 나가는 게 도움이 되지 않을 수도 있어요. 소소한 진동이 느껴질 때는 테이블 밑에서 일단 진동이 끝나길 기다리고 신발 신고 나가면서 가능하다면 전기, 가스를 끄고 나가야 하는데 각자의 상황 다를 수 있습니다. 말씀처럼 문만 열고 나가면 공터가 있을 수 있고요. 기상청 홈페이지를 참고해 각자의 상황에 맞는 사례를 살펴보시면 좋겠습니다.

이 — 국민재난안전포털도요.

원 — 그걸 써두고, 어쩌다 한 번이라고 연습도 해보고, 이래야 막상 상황이 닥쳤을 때 도움이 될 것 같아요.

이 — 개인적인 경험을 이야기하면 극장에서 탈출로 보면서 들어가거든요. 근데 이렇게 하면 좋은 게 길을 안 잃어버려요.

K   보통 들어가는 길과 나오는 길이 다르죠.

원   하나의 정답이 있다기보다는 상황에 따라 인식해놓는 게 중요한 듯합니다. 물론 하나의 답이 있으면 좋겠으나 지진이라는 게 그런 게 아닌 것 같네요. 지금부터 우리가 관심 가지는 게 굉장히 중요하고, 매뉴얼이 없는 게 아니고 국민재난안전포털과 기상청 홈페이지에 있기 때문에 열람 가능하다는 걸 다시 한 번 기억하시면 좋겠습니다.

한국형 지진 연구가
필요하다

선— 이번 경주 지진 규모가 5.8인데 1978년 이전에 관측을 제대로 못 했을 시절에 발생한 지진이 있습니다. 바로 1978년 홍성에서 발생한 규모 5.0 지진입니다. 그때도 피해가 굉장히 컸거든요. 이번에 시설이나 건축물에 발생한 피해보다 더 큰 피해가 발생했습니다. 0.8 규모 차이면 에너지가 얼마나 차이 나나요? 20배 이상은 차이가 나겠죠. 다만 그 당시와 진원 깊이에서는 4~5킬로미터 차이가 날 수는 있습니다. 깊이 측면에서 다르다 해도 규모가 0.8 차이면 큰 피해가 발생했어야 하는데도 이번엔 비구조 부재들, 기둥 같은 것은 일부 부실 시공된 곳 외에는 별 피해가 없었고, 블록 벽이나 기왓장이 떨어진 정도였거든요. 크게 인명 손상 입은 분도 없고요. 일부 놀라거나 다친 분들이 계시기는 하지만요.

지진학계나 지진공학계에서는 최근 그게 화두로 제시됐는데, 관측해보면 큰 건축물에 영향을 미치려면 진동이 오래 있어야 하고, 물결처럼 출렁이는 진동도 있어야 피해가 커집니다. 이번 지진은 빠르게 움직이는 진동이 컸던 거죠. 물론 규모 5.7이고 더 커지면 어떻게 달라질지 더 연구해봐야겠지만 외국 지진들은 중간이나 저주파수 성분이 더 많았는데, 고주파는 어느 정도 건물이 강성을 가지고 있습니다. 저주파로 넘어가게 되면 건축물을 튼튼하게 지어야 하는 형태가 되는 거고요. 우리나라는 상대적으로 큰 피해가 없었는데, 우리나라에서 발생한 상당히 큰 규모의 지진을 연구해보면 우리나라 지진의 특성이 일본이나 미국에서 발생한 지진의 특성과 다릅니다. 그런 부분을 연구해봐야 하죠.

일본이나 미국에서 일어난 지진은 저주파가 발생한 경우도 많았습니다. 단층면이 상대적으로 천천히 움직이면 저주파가 발생하고 우리나라처럼 빨리 움직이면 고주파가 큰데, 주파수도 있지만 속도 변위가 최대 진폭을 결정하거든요. 그게 리히터

포항 지진이 큰 피해를 일으킨 이유 규모 5.4인 포항 지진의 경우 진원 깊이가 4킬로미터 정도로 상대적으로 지표면에 가까워 지표면 부근에서 진동이 덜 감쇠되었다. 피해 지역들에서는 퇴적층에서 지진 진동이 증폭되어 규모 5.8인 경주 지진에 비해 건축물이나 시설물 피해가 더 크게 발생했다.

• 포항 지진은 진원 깊이, 지반의 형태 때문에 예상치 못한 큰 피해를 주었다.
지진에 대한 관심과 대책 마련의 필요성이 점점 커지고 있다 •

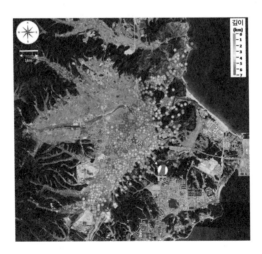

• 포항 지진 본진 및 여진 분포(2018년 1월 3일 기준).
규모 3.0 이상의 주요 여진은 별 모양으로 표시했다. •

규모고요. 최대 진폭만 따지면 규모는 커졌는데 진동에 따라서 건축물에 영향을 끼치는 정도는 다르다 보니 합리적인 설비를 갖추는 게 효율적이죠. 그냥 무조건 단면만 키워서 많이 투입하기보다 좀 더 지진을 잘 알게 되면 똑같은 재원으로 더 효율적으로 대비할 수 있는 방안이 있지 않을까 하는 측면에서 지역적인 지진 특성이 잘 반영돼야 할 것 같습니다.

K — 한국형 지진 연구 지원 대책 같은 게 나왔나요?

선 — 현재로서는 체계적인 지원 대책이 부족한 실정입니다.

원 — 우리나라 특성에 맞는 대책이 나와야겠네요.

선 — 한국형이란 표현을 많이 쓰는데 식상하다고 하는 분들도 계세요. 그럼에도 한국형 발사체가 있는 것처럼, 한국형이라는 것 자체가 땅을 다루는 사람 입장에서는 굉장히 중요합니다. 한국형, 한반도형 이런 게 말이죠.

K — 앞에 말한 한국형과 지금의 한국형은 굉장히 다르죠. 한국이 주최하는 것이 아니고 한국에 대해서 다루는, 대상이 한국인 거니까요.

원 — 한국적인 지형이나 특성에 맞는 내진 설계나 대책들이 연구가 되어야 인력과 예산을 합리적으로 사용하면서 안전도 더 보장할 수 있겠네요. 자세한 얘기를 많이 들었습니다.

지진, 안전 사회로 진일보하는 계기

이 — 과학을 다룬 것 중에 오늘 이야기가 일상과 가장 연관이 있네요.

원 — 그러네요. 멀리 떨어진 블랙홀 두 개가 부딪히고 이런 얘기 하다가.

이 — 심지어는 안보와도 연관된 얘기잖아요.

최 — 제가 설득력 있는 이야기를 인터넷에서 봤는데 지진이 나면 일단 화장실로 가서 이불로 머리를 보호하고 엎드리라는 거예요. 건물이 무너졌을 때 상수도가 가까이 있는 게 생존에 중요하기 때문에 화장실을 추천하는 글을 봤는데 진짜 그렇겠다고 생각했거든요?

선 — 그런 응용 분야로 방재 분야가 있어요. 그쪽에서 많이 언급한 내용 중 하나고 큰 무리가 없는 내용이에요. 화장실은 좁은 공간 내에 벽체가 튼튼해요. 유리 때문에 상해의 우려는 있지만요.

이 ─ 동맥이 끊길 수도 있죠.

선 ─ 상해 우려도 있지만 보통 주택에서 화장실은 바깥쪽에 있어요. 그래서 기본적으로 강성 벽체로 이루어졌죠. 주택 거실 한가운데에 있는 가변 형태의 방 같은 곳은 위험하고요. 역시 제일 중요한 건 물이죠. 물이 있으면 오래 생존할 수 있고, 인접해서는 바깥과 통할 수 있는 창문이나 환기구도 있으니 어떤 식으로든 상황 전달이 가능하고요. 최후의 보루 형태로 화장실 이야기를 하는 거죠. 그런데 밖으로 나갈 수 있는데 굳이 화장실로 갈 필요는 없어요. 실내가 어느 정도 반파된 상태에서 나갈 수 없다고 할 때 차선책이라 보면 될 거 같아요.

이 ─ 벌판으로 나가는 문과 화장실 문으로의 거리가 같다고 할 때는?

원 ─ 반드시 벌판으로 나가야 합니다. 굳이 화장실 가서 숨어 있는 게 최선은 아니겠군요. 하지만 틀린 이야기만은 아닙니다.

K ─ 나가지 못하고 어디론가 피해야 한다면 화장실이 제일 낫다는 말씀이시네요.

원 ─ 문이 무너졌다든가 하면 제일 낫다는 정도로 정리해야 할 것 같습니다. 자세한 말씀 많이 들었는데 마지막으로 짧게라도 강조하고 싶으신 부분을 말씀해주세요.

선 ─ 여러 가지가 있는데 우선 우리나라의 일반적 상황을 말씀
드리고 싶어요. 최근 여러 상황에서 지진이 발생하다 보니 불안
해요. 저조차 그렇습니다. 누워 있다가 뭔가를 느끼면 또 여진
이 발생했나 생각하기도 합니다. 그러다 보니 SNS 등을 통해
전파된 내용도 있고, 정부 부처 이야기도 많이 하십니다. 정부
부처도 노력을 많이 하세요. 그중에도 실제로 피해를 당하신 분
들이 제일 속상하고 어려우실 것 같습니다. 사회적으로 피해 지
역 일대를 챙겨드릴 수 있는 부분은 앞으로도 챙겨드려야 할 것
같고요. 사회적으로 문제가 있을 만한 괴담 형태보다는 먼저 파
악하고 실천할 수 있는 정보가 전파되어야 할 듯합니다. 그러기
위해서는 정부 부처에서 내놓는 대응 방안도 보강돼야겠죠. 경
주 지진이 사회가 진일보하는, 안전 사회로 진일보하는 계기가
될 거라 믿고 싶습니다. 과학자들도 더 노력할 거고요. 관련 정
보가 필요하면 과학자들한테 얻는 편이 가장 좋을 테니까요.

K ─ 굉장히 큰 지진이 큰 피해를 주지 않은 게 다행이네요.

원 ─ 예방 주사 한번 독하게 맞았다고 하면 어떨까 싶네요. 물
론 거기 계신 분들은 마음이 아프시겠지만 이걸 통해서 정부도
그렇고 학자들과 일반 국민들도 좀 각성하는 계기가 되었으면
합니다.

선 ─ 독감 주사 맞아야 하는 시즌 맞죠?

원 ─ 그런 시기가 아니었나 생각이 되고요.

최 — 저희가 섭외 때문에 여기저기 알아보니 국가과학기술연구원 산하에 국민안전기술포럼이라는 학술 테이블이 있더라고요. 사실 전체적으로 나라의 신뢰가 무너지고 있는 상황이긴 한데 어쨌든 그 분야에 종사하고 계신 연구자, 과학자분들이 노력하고 있구나 하는 걸 느꼈어요.

K — 얼마 전 제가 국제과학포럼 갔는데, 일본 미라이칸 사람이 와서 발표하는 걸 들었어요. 인상적인 게 얼마 전 지진 전과 후의 과학자에 대한 신뢰도를 조사한 게 있습니다. 일본 국민들을 대상으로요. 결과를 보니 많이 떨어졌어요, 과학자들에 대한 신뢰도가. 그런데 제가 보기엔 지진이란 건 원래 예측을 못 하거든요. 신뢰도가 떨어진 게 과학자들이 뭔가를 틀려서라기보다는 그런 것들을 정부나 기업들에서 솔직하게 말하지 않고 그 과정에서 믿음 전체가 떨어진 게 아닌가 하는 생각이 들었어요.

선 — 투명해야 하는데 말이죠. 위험한 정보가 있으면 위험을 알리고 위험 대비 방법을 제시해야지 숨기는 건 아니라고 생각해요. 구마모토 지진은 전진 이후에 본진에 해당되는 여진이 크게 발생한 사례입니다. 여진이 본진으로 발생한 것이 우리에게 큰 교훈이었고, 우리도 이번에 경험을 한 셈이죠. 앞으로도 지진이 발생하게 되면 그런 가능성을 충분히 열어놔야 합니다.

K — 과학자들이 여진이 가능하다고 계속 강조하는데, 걱정하지 말라는 사람도 있으니까요.

선— 본진으로 여겨지는 지진이 발생한 그 일대에서 이것 때문에 인접해서 큰 지진 발생할 가능성이 낮다는 건 저도 동의합니다. 초기 단계 지질학적인 관점에서는 수일이 될 수도 있고, 일주일이 될 수도, 열흘이 될 수도 있는데 초반엔 지진이 불규칙적으로 발생하지 않습니까? 그런 상태를 넘어서 수렴하는 단계 중에 큰 규모의 여진이 발생하는 거고요. 이번에 우리나라 경주 지진은 규모 5.1의 전진과 규모 5.8의 본진이 불과 48분 정도 사이에 발생했지만 구마모토는 시간상으로 이틀 사이에 발생한 형태거든요. 그거 역시 초반에 발생한 상황입니다. 어느 정도는 처음에 예의 주시해야 될 상황에 대해선 과학적으론 충분한 가능성을 두고 접근해야 한다고 생각합니다.

원— 정리하겠습니다. 꼭 한 번 다시 보시고 중요한 포인트가 어떤 것들이었는지 기억하시면 좋겠어요. 왜냐하면 안전 문제니까요. 많은 도움이 됐으면 좋겠습니다. 요즘 여러 가지로 정말 바쁘신데, 여기까지 와서 많은 이야기 열심히 해주신 선창국 한국지질자원연구원 지진연구센터장님께 감사드립니다.

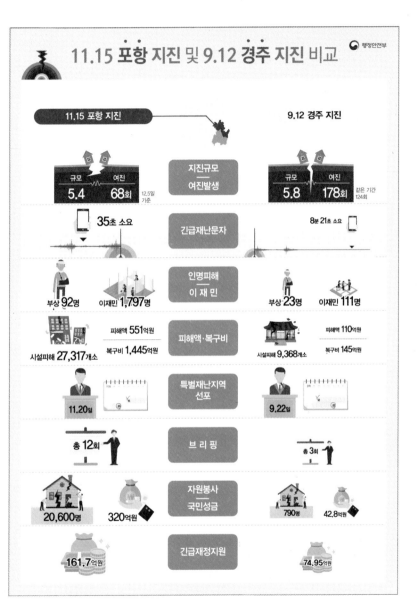

11.15 포항 지진 및 9.12 경주 지진 비교

행정안전부

11.15 포항 지진

9.12 경주 지진

11.15 포항 지진		9.12 경주 지진	
규모 5.4	**여진 68회** (12.5일 기준)	**규모 5.8**	**여진 178회** (같은 기간 124회)

지진규모 — 여진발생

35초 소요

긴급재난문자

8분 21초 소요

부상 92명　**이재민 1,797명**

인명피해 — 이재민

부상 23명　**이재민 111명**

시설피해 27,317개소　피해액 551억원　복구비 1,445억원

피해액·복구비

시설피해 9,368개소　피해액 110억원　복구비 145억원

11.20일

특별재난지역 선포

9.22일

총 12회

브 리 핑

총 3회

20,600명　**320억원**

자원봉사 — 국민성금

790명　**42.8억원**

161.7억원

긴급재정지원

74.95억원

· 행정안전부에서 정리한 포항 지진과 경주 지진 ·